きちんと知りたい

においと臭気対策の基礎知識

光田 恵 [編著]
Megumi Mitsuda

岩橋尊嗣・棚村壽三 [著]
Takashi Iwahashi　Toshimi Tanamura

日刊工業新聞社

はじめに

　におい・かおりに対する関心が高まっており、生活の中で、悪臭から
かおりまで、さまざまな質のにおいが意識されている。ところで、冒頭
から"ニオイ"の表現として「におい」「かおり」「悪臭」が出てきた
が、これらの区別は、どのようにされているのであろうか。

　各研究分野や業界によって"ニオイ"の表記、表現は異なっている。
生活環境の"ニオイ"を対象として述べる本書では、次のように用いる
こととする。ヒトの嗅覚で感知するあらゆる"ニオイ"を「におい」と
し、快いにおいを「かおり」、なかでも香料や成分の時には「香気」を
使用することもある。不快なにおいを「臭気」、さらに苦情にもつなが
る不快感がより強いものを「悪臭」とする。

　さて、かつて、悪臭発生源は特定できる限定的なものとされていた
が、次第にその発生源である工場等の近傍において市街地が拡大したこ
とで、人々にとって悪臭問題が身近なものとなっていった。そのような
中、1971（昭和46）年に悪臭防止法が制定され、悪臭対策が進み、生
活環境の悪臭問題は、ある程度解決したかに思われていた。

　しかし、その後、野外焼却、飲食店や近隣住宅からのにおいなど、限
定的な発生源ではなく、生活の中にある身近なにおいすら悪臭苦情の対
象となった。ちょうど同じ1990年代に、室内においても空気環境の大
問題が顕在化した。シックハウス症候群である。その原因物質は、主に
揮発性有機化合物であり、ヒトが刺激やにおいを感じることができるも
のであった。この空気質の問題も生活環境のにおいに対する意識が向上
する契機となった。においは、快適性にかかわる要素であり、また健康
にも影響する要素として改めて認識されるようになったのである。

　においの役割を改めて考えてみると、動物においてもそうであるが、
元来、においには健康や生命に関係する「危険を知らせる」大きな役割
がある。例えば、本来は無臭である都市ガスなどに、においを付加し、
嗅覚でガス漏れがわかるようにしている。

i

その他の嗅覚の役割として、嗅覚は味覚とも密接に関係している。食べ物や飲み物からのにおいを感じ、口に入れる前にまず嗅覚でその食べ物や飲み物のおいしさを感じる。そして、口に入れた食べ物や飲み物のにおいを口から鼻に抜けるルートを通じて嗅覚で感じ、風味を味わうのである。

また、季節や天候を嗅覚で捉えることもある。私たちは、春の訪れを花々のかおりによって感じ、いわゆる雨のにおい（通常、土臭さ、カビ臭さ）を感じることで雨が降りだしたことを知る。最近では、体調や病気により体臭に変化が生じることを利用して、微量の体臭成分を測ることで病気の診断を行う研究も進んできている。さらに、香水、柔軟剤などの身にまとうにおい、お香やアロマを使用し空間を演出するにおい、マッサージや入浴の際に癒されるにおいなど、においの用途が広がりをみせている。

このように、私たちの生活の中で、においは確実に存在感を増してきている。

しかし、生活の中のにおいを対象として、その特性や測定・評価方法、においの適切な使用法、臭気対策の考え方など、全体を網羅し、系統立てて学べるような初学者向けの専門書は見当たらない。そもそもにおいに関しては、学校教育の中で学ぶ機会はほとんどなく、五感の1つである嗅覚に関しても、視覚や聴覚に対して圧倒的に情報量が少ないといえるのではないだろうか。

においは化学物質がヒトの鼻腔内を通過し、におうという現象が起こってはじめて「におい」となる。化学物質がヒトの鼻腔内を通過し、においを感じていることは誰しも想像に難しくないところであるが、においのある化学物質とは何であるのか、化学物質が鼻腔内を通過し、どのようにしてにおうという現象が起こっているのか。

第1章では、におい物質について、第2章では、ヒトがにおいを感じるメカニズムについて解説する。第3章では、不快なにおいの種類と屋外、室内のにおいに対する基準について、第4章では、悪臭防止法に関

連するにおいの測定・評価方法を中心に解説する。また、安全で快適なにおい環境を創造するためには、臭気対策の基本的な考え方を把握しておく必要がある。第5章では、身近な環境である室内の臭気対策の考え方を中心に解説し、第6章では、その考え方に基づいた実際の対策事例を紹介する。

　本書が生活環境のにおいについての理解を深める一助となれば幸いである。

　2018年5月

光田　恵

きちんと知りたい においと臭気対策の基礎知識

目 次

はじめに …………………………………………………………………………… i

第1章 におい物質を知る

1-1　においは分子、分子という概念 …………………………………… 2

1-2　におい物質濃度の単位 ……………………………………………… 3

1-3　におい物質の特性 …………………………………………………… 7

1-4　化学構造とにおい物質 ……………………………………………… 10

第2章 においを感じるメカニズムと嗅覚の特性

2-1　ヒトの五感—嗅覚以外の感覚器官 ………………………………… 26

2-2　五感の中の嗅覚 ……………………………………………………… 33

2-3　においを感じるメカニズム ………………………………………… 36

2-4　嗅覚の感度 …………………………………………………………… 43

2-5　においの濃さと強さ感覚の関係 …………………………………… 50

2-6　においの濃さによって感じる質の変化 …………………………… 55

2-7　環境条件とにおいの感じ方の関係 ………………………………… 57

第3章 不快なにおいの種類と基準値

3-1　生活環境のにおい …………………………………… 60

　3-1-1　においに対する意識 ………………………………… 60

　3-1-2　意識されているにおいの種類 ……………………… 65

　3-1-3　室内のにおいの発生原因 …………………………… 67

3-2　悪臭防止法の概要 ……………………………………… 72

　3-2-1　法律が制定された背景 ……………………………… 72

　3-2-2　悪臭防止法の制定 …………………………………… 74

　3-2-3　悪臭防止法を読み解く ……………………………… 76

　3-2-4　２号規制基準の基本的な考え方 …………………… 85

　3-2-5　中小規模施設における２号規制基準の簡略化 …… 88

　3-2-6　２号規制基準の算出方法 …………………………… 89

3-3　室内のにおいの基準値を知る ………………………… 91

第4章 においを測る・評価する

4-1　においの測定・評価法の種類 ………………………… 96

4-2　ヒトの嗅覚で測る ……………………………………… 98

　4-2-1　嗅覚測定法における臭気試料取扱いの注意点と
　　　　　試験室の環境 ……………………………………… 98

　4-2-2　嗅覚パネルの条件 …………………………………… 99

　4-2-3　においの濃さの測定方法（希釈法）………………… 101

　4-2-4　評定尺度法 …………………………………………… 117

| 4-3 | 機器で測る | 120 |

4-3　機器で測る ·········· 120

4-3-1　現場測定に適した検知管法とセンサー法 ·········· 120

4-3-2　特定悪臭物質の測定方法 ·········· 120

4-4　脱臭効率を測る ·········· 130

第5章　臭気対策の考え方

5-1　室内の臭気対策の手順と特徴 ·········· 134

5-1-1　室内の臭気対策の手順 ·········· 134

5-1-2　各対策の特徴 ·········· 135

5-2　換気による臭気対策 ·········· 137

5-2-1　換気量と換気回数 ·········· 137

5-2-2　換気の経路 ·········· 138

5-2-3　換気の方式 ·········· 139

5-2-4　必要換気量の求め方 ·········· 139

5-3　消・脱臭、感覚的消臭による対策 ·········· 142

5-3-1　感覚的方法 ·········· 142

5-3-2　生物的方法 ·········· 147

5-3-3　物理的方法 ·········· 149

5-3-4　化学的方法 ·········· 153

5-4　空気清浄機・消脱臭芳香剤の種類 ·········· 164

5-4-1　消脱臭対策製品の種類 ·········· 164

5-4-2　空気清浄機 ·········· 164

5-4-3　消脱臭芳香剤 ·········· 166

5-5　臭気対策の性能評価 ·········· 168

5-5-1　空気清浄機の性能評価法 ·········· 168

5-5-2　消脱臭・芳香剤の性能評価法 ·········· 169

第6章 室内の臭気対策事例

6-1	臭気発生源管理の事例 ……………………………………… 172
6-1-1	生ごみ臭の発生源管理の重要性 ………………………… 172
6-1-2	尿管用排液バッグからの臭気の防止 …………………… 173
6-2	換気による臭気対策 ……………………………………… 176
6-2-1	局所換気の必要性 ………………………………………… 176
6-2-2	室内の臭気発生量 ………………………………………… 178
6-2-3	室内の臭気を指標とした必要換気量と換気計画 ……… 182
6-3	脱臭（調理臭の調湿建材を用いた対策）………………… 187
6-4	感覚的消臭対策事例 ……………………………………… 189
6-5	身近な臭気の対策 ………………………………………… 192
6-5-1	住宅内の臭気対策 ………………………………………… 192
6-5-2	体臭の対策 ………………………………………………… 197
6-6	最新技術紹介（高温消臭器、木材空気清浄機）………… 200
6-6-1	物理的方法：スギ・ヒノキの天然材の臭気除去能力
	（空気清浄機への適用）………………………………… 200
6-6-2	化学的方法：半導体型酸化触媒の臭気除去能力
	（高温型消臭器の開発）………………………………… 204

コラム		
	適合マーク…………………………………………………	24
	お香〈蘭奢待〉……………………………………………	94
	癌探知犬……………………………………………………	132

参考文献 …………………………………………………………… 206
索引 ………………………………………………………………… 210

執筆者（五十音順）

第1章　岩橋尊嗣　光田　恵

第2章　岩橋尊嗣　光田　恵

第3章　岩橋尊嗣　棚村壽三　光田　恵

第4章　棚村壽三　光田　恵

第5章　岩橋尊嗣　棚村壽三　光田　恵

第6章　岩橋尊嗣　棚村壽三　光田　恵

第 **1** 章

におい物質を知る

1-1 においは分子、分子という概念

　地球上に存在する物質は、すべて化学物質で成り立っている。土壌、植物、動物、食料、空気、水などはもちろんのこと、人体もしかり、髪の毛から足のつま先まですべてが化学物質であり、分子で構成されている。これらの分子も、「元素」という物質の最小単位の組合せである。

　におい物質も紛れもない化学物質（分子）であり、大多数は有機化合物に属し、一部は無機化合物に分類される。代表的な「無機系におい物質」としては、アンモニア、硫化水素、二酸化イオウ（亜硫酸ガス）、青酸ガスなどがあげられる。

元素と原子

　におい分子を構成している元素は、**表1-1**の白抜き文字部分である周期律表の非金属元素群に属しており、代表的元素は水素（H）、炭素（C）、窒素（N）、酸素（O）、イオウ（S）、リン（P）、ハロゲン（F、Cl、Br、I）などである。これらの元素群が種々の化学結合をつくることで、におい分子ができあがる。

　元素と原子について、表1-1の周期律表から数種類の元素を選択した

表1-1　周期律表

	1族	2族	3族	4族	5族	6族	7族	8族	9族	10族	11族	12族	13族	14族	15族	16族	17族	18族
1周期	H																	He
2周期	Li	Be											B	C	N	O	F	Ne
3周期	Na	Mg											Al	Si	P	S	Cl	Ar
4周期	K	Ca	Sc	Ti	V	Cr	Mn	Fe	Co	Ni	Cu	Zn	Ga	Ge	As	Se	Br	Kr
5周期	Rb	Sr	Y	Zr	Nb	Mo	Tc	Ru	Rh	Pb	Ag	Cd	In	Sn	Sb	Te	I	Xe
6周期	Cs	Ba	L	Hf	Ta	W	Re	Os	Ir	Pt	Au	Hg	Tl	Pb	Bi	Po	At	Rn
7周期	Fr	Ra	A	Rf	Db	Sg	Bh	Hs	Mt	Ds	Rg	Cn	Nh	Fl	Mc	Lv	Ts	Og

（注）L：ランタノイド（15物質）、A：アクチノイド（15物質）

第1章　におい物質を知る

表1-2　元素と原子の表示例

原子番号	1	8	16	17	113
元素記号	H	O	S	Cl	Nh
元素名	水素	酸素	イオウ	塩素	ニホニウム

（注）原子番号113：日本で初めて新しい元素の合成に成功した。理化学研究所が合成した113番目
　　　の元素であり、2015年12月にIUPAC（国際純正・応用化学連合）に認定され命名権を与え
　　　られ、2016年11月に「ニホニウム」という名前に決定された。ニホニウムは83番元素ビス
　　　マス（Bi）と30番元素亜鉛（Zn）から合成された。

ものを**表1-2**に示す。元素は、記号であり名前である（元素記号、元素
名として使う）。原子は、化学的・物理的な性質を伴うものであり、原
子には同位体が存在する。例えば、原子番号1の水素（H）には、質量
数1の水素（軽水素ともいう）、質量数2の重水素、質量数3の三重水素
など3種類の同位体が存在する。

「におう」＝「におい分子が存在する」

　不純物を含まない水（H_2O）は、におわない。不純物を含まない空気
（酸素：O_2、窒素：N_2）も、におわない。木々草花や食べ物は、におう。
私たちを取り囲む環境中には、計り知れない数のにおい物質が存在す
る。

　「におう」ということは、私たちが呼吸をする空気の中に、におい分
子が存在しているということである。逆に「におわない」ということ
は、におい分子が存在しないことなのだろうか。それらのことを探るた
めに、まず物質の濃度について考えてみる。

1-2　におい物質濃度の単位

　通常、物質の三態（固体、液体、気体）の濃度は百分率（％）で表示
される。すなわち、重量％（wt％）もしくは容量％（vol％）のいずれ

3

かの表示が使用される。化学の分野ではモル％（mol％）という濃度表示法が広く使われている。

ここでは、モル、分子量（重さ：g（グラム））、体積（L（リットル））、分子数（個）の関係についてふれる。

1モル中の分子の数

1モルとは、化学物質の分子量にグラム（g）を付けたものである。例えば、水（H_2O）の分子量は18であるため、1モルは18g（液体）となる。1モルの中に存在する分子の数は、アボガドロ定数と呼ばれ、その数は、6.02×10^{23}個と表記される。すなわち、水18g中には、H_2O分子が6.02×10^{23}個存在する。

表1-3-①に示したSI接頭辞（接頭語ともいう、小数点以上）から10^{23}は千垓に相当することがわかる。固体、液体、気体など、それぞれの物質1モル中には必ず6.02×10^{23}個の分子が存在する。また、気体の場合だけ、1モルが22.4 Lに相当し、その中にも6.02×10^{23}個の分子が存在する。

表1-3-① SI接頭辞（小数点以上）

10^n	接頭辞	漢数字表記	十進数表記
10^0	なし	一	1
10^1	デカ	十	10
10^2	ヘクト	百	100
10^3	キロ	千	1,000
10^6	メガ	百万	1,000,000
10^9	ギガ	十億	1,000,000,000
10^{12}	テラ	一兆	1,000,000,000,000
10^{15}	ペタ	千兆	1,000,000,000,000,000
10^{18}	エクサ	百京	1,000,000,000,000,000,000
10^{21}	ゼタ	十垓	1,000,000,000,000,000,000,000
10^{24}	ヨタ	一秭	1,000,000,000,000,000,000,000,000

第1章　におい物質を知る

気体中に含まれるにおい物質の量

　表1-3-②に、SI接頭辞（小数点以下）を示す。においの分野では、気体中に含まれるにおい物質の量をppm（百万分の一）、ppb（十億分の一）、ppt（一兆分の一）という割合の単位で表現する。

　ppmなどは日常生活において使われる単位でないため、イメージしにくいと思われるが、1ppmとは、1辺が1mの立方体（体積は$1\,m^3=1,000,000\,cm^3$）の中に、1辺が1cmのサイコロ大の立方体（体積は$1\,cm^3$）が1個存在している状態である。同じ割合の単位である1％が100分の1に相当するように、1ppmは1,000,000分の1に相当すると考えればよい。

　また、割合であるppmは、次の気体の換算式を用いると、物質量である単位体積あたりの質量（mg/m^3）に換算できる。

〈ppmとmg/m^3の換算式〉

$$mg/m^3 = ppm \times \frac{M}{22.4} \times \frac{273}{273+t} \times \frac{p}{101.3} \qquad (1\text{-}1\text{式})$$

M：分子量、t：温度（℃）、p：気圧（kPa）

表1-3-②　SI接頭辞（小数点以下）

10^n	接頭辞	漢数字表記	十進数表記
10^0	なし	一	1
10^{-1}	デシ	十分の一	0.1
10^{-2}	センチ	百分の一	0.01　⇒ ％に相当
10^{-3}	ミリ	千分の一	0.001
10^{-6}	マイクロ	百万分の一	0.000001　⇒ ppmに相当
10^{-9}	ナノ	十億分の一	0.000000001　⇒ ppbに相当
10^{-12}	ピコ	一兆分の一	0.000000000001　⇒ pptに相当
10^{-15}	フェムト	千兆分の一	0.000000000000001
10^{-18}	アト	百京分の一	0.000000000000000001
10^{-21}	ゼプト	十垓分の一	0.000000000000000000001
10^{-24}	ヨクト	一秭分の一	0.000000000000000000000001

5

例として、10 ppm のアンモニアガス 1 m³中のアンモニア分子数を求め、さらに一呼吸するときに鼻腔中を通過するアンモニア分子数を計算で求める。

ppm と mg/m³の換算式から、27℃のときに、アンモニア 10 ppm は 6.906 mg/m³（6.906×10^{-3} g/m³）に相当する。アンモニアの分子量（NH_3：17）で割ると、0.406×10^{-3} mol/m³となり、これにアボガドロ定数（6.02×10^{23}）を掛けると、1 m³中に 2.45×10^{20} 個のアンモニア分子が存在することになる。通常、ヒトの一呼吸での吸入空気は約 500 mL といわれている。したがって、一呼吸で鼻腔中を通過するアンモニア分子数は、$2.45 \times 10^{20} \times 500/1{,}000{,}000 = 1.23 \times 10^{17}$ 個と計算できる（ただし、一呼吸するときに、これらの分子がすべて、におい受容体にキャッチされるわけではない。第2章参照）。

におうとにおわないを分子数で考える

次に、「におう（有臭）」と「におわない（無臭）」の現象を分子数で考える。前述の計算法を参考にして、アンモニア、トリメチルアミン（TMA）、硫化水素、トルエン、イソ吉草酸、ジェオスミンの検知閾値[1]

表1-4 検知閾値から閾値分子数の算出

物質名	分子式/分子量	検知閾値 (ppm)	g/m³	モル数	閾値 分子数
アンモニア	NH_3 / 17	1.5	1.036×10^{-3}	6.09×10^{-5}	3.67×10^{19}
TMA	$(CH_3)_3N$ / 59	3.2×10^{-5}	7.683×10^{-8}	1.30×10^{-9}	7.84×10^{14}
硫化水素	H_2S / 34	4.1×10^{-4}	5.680×10^{-7}	1.67×10^{-8}	1.01×10^{16}
トルエン	C_7H_8 / 92	0.33	1.235×10^{-3}	1.34×10^{-5}	8.08×10^{18}
イソ吉草酸	$C_5H_{10}O_2$ / 102	7.8×10^{-5}	3.235×10^{-7}	3.17×10^{-9}	1.91×10^{15}
ジェオスミン	$C_{12}H_{22}O$ / 182	6.5×10^{-6}	4.806×10^{-8}	2.64×10^{-10}	1.59×10^{14}

（注）検知閾値：におい物質の存在がわかる最低濃度、永田らによる測定値[1]
　　閾値分子数：物質の存在がわかる最低限の物質量

からこのときの分子数を算出した。結果は**表1-4**のとおりである。

　検知閾値とは、におい物質の存在がわかる最低濃度と考えてよい（第2章参照）。したがって、算出した表1-4にある分子数は、それぞれの物質の存在がわかる最低限の物質量（閾値分子数とする）であると考えてよい。この数を下回ると、ヒトはにおいの存在に気付かず、無臭と判断することになる。

　「におう」という現象は、におい物質が鼻腔内を通過しなければ、起こることはない。表1-4の閾値分子数は、空間に存在するそれぞれの物質の存在がわかる最低限の物質量ではなく、鼻腔内を通過し、におい受容体にキャッチされる最低限の物質量といえる。

　前述の1 m^{3}の空間内に存在する10 ppmのアンモニアガスの計算からも明らかなように、現実として空間に、閾値分子数を上回る数のにおい分子が存在していても、一呼吸で鼻腔中を通過するアンモニア分子数は閾値分子数を下回り、「におわない」ということになるのである。裏を返せば、「におわない」からといって、空間ににおい分子が存在していないのではなく、膨大なにおい物質が存在していることもあり得る。

1-3 におい物質の特性

　ヒトが感じ取ることができる物質の最小分子量はアンモニアの17であり、「におう」という現象は、物質の分子量17~300程度の範囲といわれている。しかし、インドールヒドロキシシトロネラール-シッフ塩基（分子量約400）がにおいを有していることがわかったため、分子量範囲は上限を400とする考え方もある[2]。現存する有機化合物は約200万種ともいわれ、その中でヒトが感じ取れる有臭物質は約40万種ともいわれているが、実数は未だ明確にされていない。

　1-1節において、においは分子であることを述べたが、ヒトが「にお

う」と感じるには、呼吸により鼻腔中に存在するセンサー部に、におい分子がキャッチされる必要がある（第2章参照）。そのため、ヒトがその物質のにおいを感じるためには、揮発性物質であることが絶対条件となる。揮発性ではない金属類、ガラス、多くの無機化合物類、高分子化合物類などがにおうことはあり得ないのである。では、なぜ鉄のにおい、鉄くさいなど、鉄のにおいがあるかのような表現がなされるのだろうか。

「鉄くさい」の正体[3]

鉄棒をした後に、手のひらのにおいを嗅ぎ、鉄くさいと感じた経験などがあると、鉄はにおうと思っている人も多いだろう。しかし、金属である鉄に、においは存在しない。鉄原子が空中を浮遊することはあり得ない。つまり、鉄はにおわないのである。

鉄のにおいだと思っているにおいは、1-オクテン-3-オン（閾値：0.1 ppm）、1,シス-5-オクタジエン-3-オン（閾値：0.01 ppm）なのである。両者のビニルケトン化合物の前駆体は、それぞれリノール酸、リノレイン酸で、皮膚表面に分泌されると、速やかに汗中に存在する鉄分（Fe^{2+}）を触媒として酸化分解され、相当するビニルケトン類が産生される。これがいわゆる鉄のにおいと感じられる物質である。

悪臭物質

アンモニアは代表的な悪臭物質の1つとされているが、悪臭防止法では、アンモニアを含め22物質が特定悪臭物質[4]として指定されている。これらの分子式、分子量、化学・物理特性を**表1-5**にまとめた。悪臭防止法については第3章で解説する。

8

第1章　におい物質を知る

表1-5　特定悪臭22物質の特性

物質名	分子式	分子量	比重	融点(℃)	沸点(℃)	水溶性
アンモニア	NH_3	17	0.547	−77.7	−33.4	水100 gに 89.9 g
トリメチル アミン	$(CH_3)_3N$	59	0.662	−124	3	易溶
硫化水素	H_2S	34	1.190	−82.9	−60.4	水100 gに 0.5 g
メチルメル カプタン	CH_3SH	48	0.896	−121	6	微溶
硫化メチル	$(CH_3)_2S$	62	0.845	−83.2	37.5	不溶
二硫化メチル	$(CH_3)_2S_2$	94	1.057	液	116〜8	―
アセト アルデヒド	CH_3CHO	44	0.784	−123.3	20.8	∞
プロピオン アルデヒド	CH_3CH_2CHO	58	0.8058	−80.05	47.93	水100 gに 16.15 g
n−ブチル アルデヒド	$CH_3(CH_2)_2CHO$	72	0.8049	−99	75.7	水100 gに 3.7 g
イソブチル アルデヒド	$(CH_3)_2CHCHO$	72	0.7904	−65.9	64.2	水100 gに 8.8 g
n−バレル アルデヒド	$CH_3(CH_2)_3CHO$	86	0.8105	−91.5	102.5	微溶
イソバレル アルデヒド	$(CH_3)_2CHCH_2CHO$	86	0.8004	液	92.5	微溶
イソブタ ノール	$(CH_3)_2CHCH_2OH$	74	0.8018	−108	108	水100 gに 9.5 g
酢酸エチル	$CH_3CO_2C_2H_5$	88	0.9005	−83.6	76.82	水100 gに 7.87 g
メチルイソ ブチルケトン	CH_3COCH_2CH $(CH_3)_2$	100	0.7960	−84.7	115.9	水100 gに 1.7 g
トルエン	$C_6H_5CH_3$	92	0.8716	−95	110.8	不溶
スチレン	$C_6H_5CH=CH_2$	104	0.907	−31	145.8	微溶
キシレン	$C_6H_4(CH_3)_2$	106	0.861	−47.4	138.4	不溶
プロピオン酸	CH_3CH_2COOH	74	0.999	−22	141	∞
n−酪酸	$CH_3(CH_2)_2COOH$	88	0.959	−5.7	163.5	∞
n−吉草酸	$CH_3(CH_2)_3COOH$	102	0.939	−34.5	187.0	水100 gに 3.7 g
イソ吉草酸	$(CH_3)_2CHCH_2$ $COOH$	102	0.928	−37.6	176.5	水100 gに 4.2 g

（注）アンモニア比重および硫化水素比重は、ガス比重（空気=1.00）を表し、ほかは液比重（水= 1.00）を表す

9

1-4 化学構造とにおい物質

（1）官能基の役割と種類

　化学物質がにおいを有するためには、1-1節で述べたとおり、分子を構成している元素に、イオウ、窒素、酸素、ハロゲン類が含まれることが必要である。そして、これらの元素類が炭化水素化合物（有機物質）類の構造にどのように組み込まれるかで、さまざまなにおい物質へと変化する。

　有機化合物の性質を特徴づける原子または原子の集まりで、飽和炭化水素以外の構造である部分を官能基という。におい分野では、これらの元素が組み込まれた部分を発香団（官能基に相当）と呼ぶ場合がある。

表1-6　発香団（官能基）の種類

カルボニル基	$-C=O$
アルデヒド基	$-CHO$
アルコール基、フェノール基	$-OH$
カルボキシル基	$-COOH$
エーテル基	$-O-$
ラクトン、エステル基	$-CO-O-$
ニトロ基	$-NO_2$
ニトリル基、イソニトリル基	$-CN$、$-NC=$
アミノ基、アミン基	$-NH_2$、$=NH$
チオアルコール、チオエーテル基	$-SH$、$-S-$
チオシアン基、イソチオシアン基	$-SCN$、$-NCS$
炭素不飽和結合	二重結合、三重結合
塩素、臭素などのハロゲン原子	

発香団の種類を**表1-6**にまとめた。

発香団のない化合物のにおい

　ところで、発香団を有しない化合物のにおいはどうなのだろうか。例として、飽和炭化水素類、不飽和炭化水素類の検知閾値[1] を**表1-7**に示す。発香団を持たずとも、ヒトは炭化水素類のにおいを感知できることがわかる。しかし、発香団を持たない物質の検知閾値は総じて高い。

　飽和炭化水素で最も分子の小さいメタン（炭素数1）、エタン（炭素数2）は無臭物質に分類される。また、C5、C6、C7の炭化水素で飽和、不飽和で閾値に顕著な差はないが、C3、C4、およびC8、C9では閾値に大きな差がある。特にn-ノナンと1-ノネン、n-ブタンと1-ブテン（表1-7網掛け部分）では、10,000倍近い差がある。発香団とされる二重結合1個でこれほどの相違が出るのである。

　また、飽和炭化水素において、n-ブタン（C4）とn-ペンタン（C5）の間に、実に1,000倍近い差がある。炭素数1個の違いで、なぜこれほどの差が生ずるのかは、現状では根拠のある説明はできていない。

表1-7　飽和および不飽和炭化水素類の検知閾値

炭素数	飽和炭化水素	検知閾値（ppm）	不飽和炭化水素	検知閾値（ppm）
3	n-プロパン	1500	プロペン（プロピレン）	13
4	n-ブタン	1200	1-ブテン	0.36
5	n-ペンタン	1.4	1-ペンテン	0.10
6	n-ヘキサン	1.5	1-ヘキセン	0.14
7	n-ヘプタン	0.67	1-ヘプテン	0.37
8	n-オクタン	1.7	1-オクテン	0.001
9	n-ノナン	2.2	1-ノネン	0.00054
10	n-デカン	0.87	1-デセン	-

注）検知閾値は永田らの測定値[1]

(2) 有機化合物の分類と異性体の分類

①各分類の考え方

　図1-1に有機化合物の一般的な分類を示す。有機化合物は大きく鎖式（鎖状）化合物と環式（環状）化合物に分けられ、さらに細分化されている。脂肪族化合物は鎖状構造であり、芳香族化合物はおもにベンゼン環を有する不飽和化合物である。

　表1-8に、分類される異性体の特徴についてまとめた。鏡像異性体のみが、化学的・物理的性質が同一であるにもかかわらず、におい（生理的特性）のみが異なるという特徴を有する。図1-2に、異性体の一般的な分類を示す。分子式は同じであっても炭素骨格の異なる異性体は、構造異性体と立体異性体に大別される。構造異性体はさらに、骨格異性体、位置異性体、官能基異性体に分類され、立体異性体は、幾何異性体と鏡像異性体（光学異性体）に分類される。

②構造異性体とにおい

骨格異性体

　構造異性体に分類される骨格異性体では、例えば、C4アルコールの

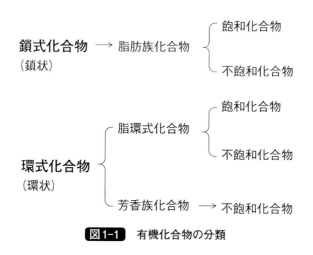

図1-1　有機化合物の分類

表1-8 異性体の特徴

異性体の性質	異性体の分類		
	構造異性体 (骨格・位置・官能基)	立体異性体	
		幾何異性体	鏡像異性体
分子式	同一	同一	同一
化学的性質 (酸性度)	相異	相異	同一
物理的性質 (融点・沸点など)	相異	相異	同一
におい	相異	相異	相異

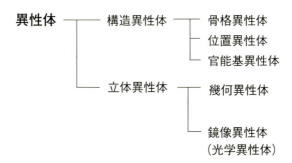

図1-2 異性体の分類

場合（分子式：$C_4H_{10}O$）、-OH（水酸基）基が-CH_2OHのときには、n-体：第一級アルコール（n-ブチルアルコール）、およびiso-体：第一級アルコール（iso-ブチルアルコール）といい、-CHOHのときには、sec-体：第2級アルコール（sec-ブチルアルコール）といい、-COHのときには、tert-体：第三級アルコール（tert-ブチルアルコール）という。また、二環式化合物であるナフタレンとアズレンも骨格異性体に相当する（分子式：$C_{10}H_8$）（図1-3）。

位置異性体

位置異性体について図1-4、図1-5に、例を示す。ベンゼン環の二置

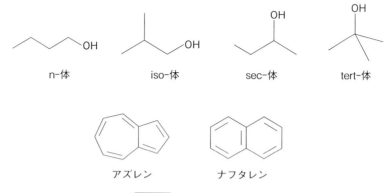

図1-3 骨格異性体の例

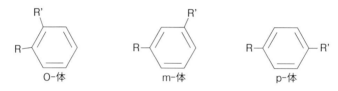

図1-4 置換基の位置異性体の例

（注）R，R'がOH基の場合はクレゾール、CH₃基の場合はキシレン、カルボキシル基の場合はフタル酸

二重結合位置

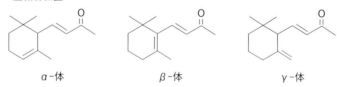

カルボニル基位置

図1-5 二重結合およびカルボニル基の位置異性体の例
（分子式：$C_{13}H_{20}O$）

換体は左側からo-体（オルトまたはオルソ）、m-体（メタ）、p-体（パラ）と命名される。2つの置換基が両方水酸基の場合、クレゾールに相当する。メチル基の場合は、キシレンに相当し、カルボキシル基の場合はフタル酸に相当する。フタル酸の場合、オルソ体をフタル酸、メタ体をイソフタル酸、パラ体をテレフタル酸と呼ぶ。

　図1-5に、炭素二重結合の位置異性体の例としてヨノン（イオノン）の構造を示す。シクロヘキサン環にメチル基が置換している炭素原子を中心に二重結合の位置が変わる。図1-5の上段の二重結合位置に示すように、左側からα-ヨノン、β-ヨノン、γ-ヨノンと命名される。これらは、二重結合の位置の相違で、α体ではすみれの花のにおい、β体では木のにおい、γ体ではシャープな花のにおいとにおいの質が変わる。また、α-ヨノンのカルボニル基（C=O）の位置の違いで、バラのにおい成分としてのキー成分であるα-ダマスコンになる。

　また、**図1-6**に示すように、α-テルピネン骨格に置換している水酸基の位置で、α-テルピネオールの花のにおいから、テルピネン-4-オールのナツメグ様のスパイシーなにおいへと変化する。

官能基異性体

　原子の数と種類は一緒であるが、官能基の種類が異なる化合物として、アルコール類とエーテル類（例えば、エチルアルコール（C_2H_5OH）とジメチルエーテル（CH_3OCH_3））、およびケトン類とアルデヒド類（例えばアセトン（CH_3COCH_3）とプロピオンアルデヒド（CH_3CH_2CHO））は官能基異性体関係である。

図1-6　水酸基の位置異性体
（分子式：$C_{10}H_{18}O$）

③立体異性体とにおい

幾何異性体

立体異性体に分類される幾何異性体の一例を、図1-7に示す。二重結合に隣接する水酸基（-CH₂OH）がトランス体（E体）かシス体（Z体）かで、においの質が異なり、ゲラニオールではバラのにおい、ネロールでは海辺のにおいになる。

図1-8の2-ヘキセノールはトランス体が菊のにおい、シス体が青葉のにおいとして認識される。シス体は、別名青葉アルコールといわれており、酸化された青葉アルデヒド（シス-2-ヘキセナール）はさらに強く青葉臭を感じる。

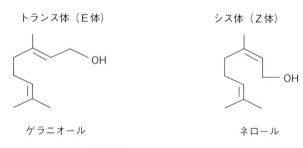

図1-7 幾何異性体の例
（分子式：$C_{10}H_{18}O$）

図1-8 2-ヘキセノールのトランス体とシス体の関係（分子式：$C_6H_{12}O$）

鏡像異性体

　図1-9に、カルボンの鏡像異性体を一例として示す。以前は、光学異性体ともいわれた。現在は鏡像異性体、エナンチオマー、ジアステレオマーともいわれており、後者2つの言葉の使用が推奨されている。一般的には、右手と左手の関係に例えられる。手のひら同士でないと重ね合わせることができない状態をいう。図1-9でも、中心に鏡を置いて折り曲げると重なるが、両者をスライドさせても重ね合わせることはできない。

　鏡像関係にある物質は、物理的、化学的特性は一致するが、ヒトの嗅覚には異なるにおい物質として認知される。例えば、図1-9のL-カルボンはスペアミントのにおい、D-カルボンはキャラウェイのスパイス系のにおいと認識する。同様に、鏡像関係にあるリモネンも、D-リモネンはオレンジのにおい、L-リモネンはグリーン系の油っぽいにおいとして認識するといわれている。

（3）精油、香料などのにおいを考慮した分類

　有機化合物の分類を図1-1に示したが、におい（香料、精油のにおい）

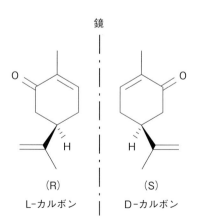

図1-9　カルボンの鏡像異性体

の分野ではテルペン化合物としての分類法が重要になる。まず、図1-10に、現存する香料類を区分した一例を示す。図1-10中に記した動物性香料は、現状において極めて入手が難しい。これらは、ワシントン条約によって売買が厳しく規制されている。

テルペン類は動植物体の中でつくられるイソプレンを出発物質として、イソプレン単位がいくつか繋がった構造を基本としてできた化合物群である。イソプレンの別名は、2-メチル-1,3-ブタジエンであり、分子式はC_5H_8で、構造式は図1-11のとおりである。

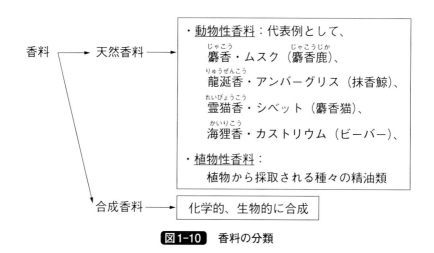

図1-10　香料の分類

図1-11　イソプレン（2-メチル-1,3-ブタジエン）の構造式

第1章　におい物質を知る

　表1-9に、炭素数の違いによるテルペン類の分類を示す。イソプレン
は、ヘミテルペンに該当する（ヘミ：ギリシャ語で1/2、セスキ：ラテ
ン語で3/2）。テルペン類の分類で、モノテルペンは分子量が約140、セ
スキテルペンは分子量が約200で揮発性が高いため、香料調合時のトッ
プノートやミドルノート（ノートとは、揮発速度を指し、揮発性の良い
ものからトップノート、ミドルノート、ベースノート（ラストノートと
もいう）といわれる）として使用される場合が多い。

　これに対して、ジテルペンは分子量が約270と大きく揮発性は低い。
そのため、香料調合時にベースノートとして使用されるが、においはほ
とんどないか、弱い。代表的な物質としては、アビエチン酸やビタミン
Aがある。

　トリテルペン、テトラテルペン類は、においとして利用されることは
なく、前者にはサメの肝油に含まれるスクアレン、後者には緑黄色野菜
に含まれるカロテンが該当する。

　ポリテルペンはイソプレンモノマーの重合体を指しており、天然ゴム
の基本構造体である。分子構造は、Z（シス型）配置の炭素・炭素二重
結合を有するユニットの重合体である。

表1-9　テルペン類の分類

物質名	化学式
ヘミテルペン	C_5H_8
モノテルペン	$C_{10}H_{16}$
セスキテルペン	$C_{15}H_{24}$
ジテルペン	$C_{20}H_{32}$
トリテルペン	$C_{30}H_{48}$
テトラテルペン	$C_{40}H_{64}$
ポリテルペン	$(C_5H_8)_n$

（n：整数）

テルペン系のにおい物質を官能基別に分類すると、まず特殊な官能基を持たないモノテルペン類がある。代表物質には、リモネン（柑橘類）、ミルセン（月桂樹、松など）、ピネン（松など）、オシメン（植物・リマ豆が放出する誘引物質）などがある。**図1-12**に示すとおり、分子内に存在しているのは、炭素・炭素の二重結合だけである。

　次に、においに関連するテルペン系化合物を分類すると**表1-10**のように、アルコール系、アルデヒド系、ケトン系、エステル系に分類できる。

　図1-13で、ネロリドールのみがセスキテルペン類に属し、ほかはすべてモノテルペンに分類される。テルペン系アルコール類は、一般的に

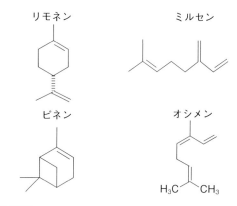

図1-12　官能基を持たないモノテルペン類の代表例

表1-10　官能基によるテルペン系化合物の分類

テルペン系化合物	テルペン系アルコール
	テルペン系アルデヒド
	テルペン系ケトン
	テルペン系エステル

第1章　におい物質を知る

ゲラニオール

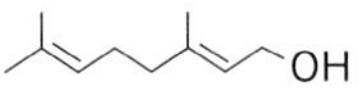

ネロール

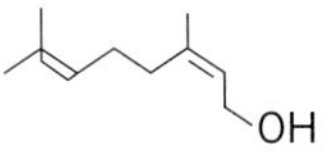

シトロネロール

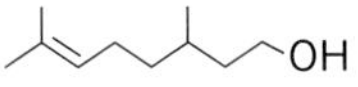

リナロール

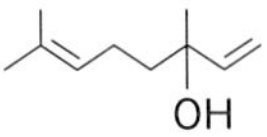

ラバンジュロール

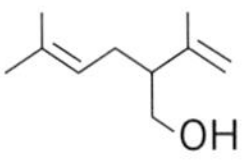

ジヒドロミルセノール

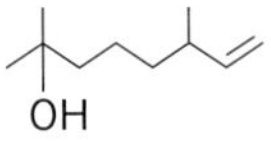

ネロリドール

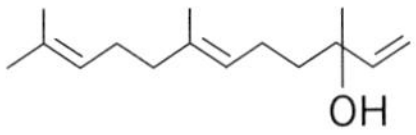

異性体の総称

L-メントール

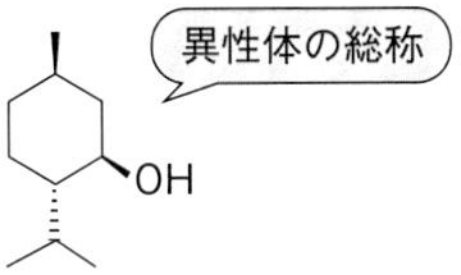

図1-13　モノテルペン系アルコール化合物

花香を有する。幾何異性体関係にあるゲラニオールとネロールは、前者がローズ系、後者はレモングラス・ホップ系香気を有し、リナロールの鏡像異性体は、S体（d体相当）がオレンジ様、R体（l体相当）がラベンダー様花香を有している。

　メントールは、10種類以上の異性体の総称と考えて良い。中でも鏡像異性体であるL体は、薄荷様の清涼感が強い物質で食品、香粧品としての用途は幅広い。これに対して、D体は清涼感はなく、草っぽい油様のにおいを有する。

　テルペン系アルコール化合物が酸化を受け、アルデヒド類になり、さ

21

らに酸化されたものがケトン類になる。図1-14、図1-15に示したアルデヒドおよびケトン化合物は、すべてモノテルペン類に属する。カルボンはスペアミント精油の成分であり、メントンはペパーミント精油の成分、カンファーは樟脳ともいい、クスノキ精油の主成分である。

　図1-14においてシトラールという表示は慣用的な言い方で、本来はトランス‐シトラールをゲラニアール、シス‐シトラールをネラールと表示することが好ましい。モノテルペン系アルデヒド類は通常柑橘系香気を有する場合が多い。なお、ペリラアルデヒドはシソ香気を有する。

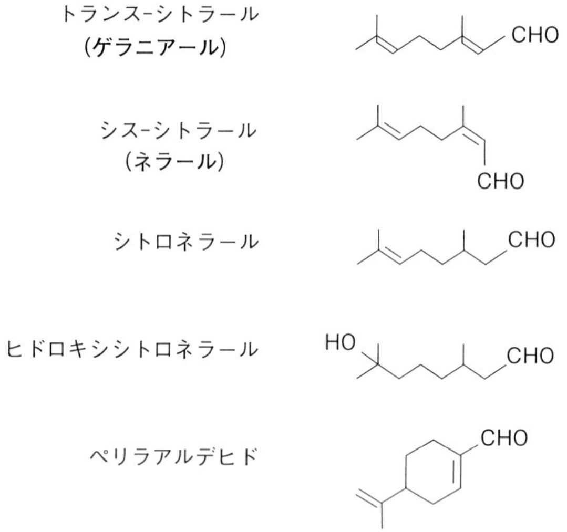

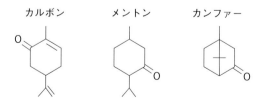

図1-14 モノテルペン系アルデヒド化合物

図1-15 モノテルペン系ケトン化合物

第1章　におい物質を知る

　図1-15に示したモノテルペン系ケトン類は、通常鼻に抜ける清涼感を有する香気である。メントンは、図1-13に示したメントールの酸化物質（酸化体）である。

　図1-16に示したモノテルペン系エステル化合物は、モノテルペン系アルコールと酢酸との縮合反応で産生した化合物である。においの系統としては、花香を有する物質が多く、ほかに果実香、薄荷香とさまざまである。また、アルコールの炭素鎖がC6までのアセテート類は、多くがイチゴ、バナナ、パイナップル、キウイ、アップルなどの果実様香気を有しているが、C7以上になると、香気としては発酵を連想するやや重い感じに変化してくる。そして、C10になるとにおいの質は、花香へと変化してくる。

ゲラニルアセテート

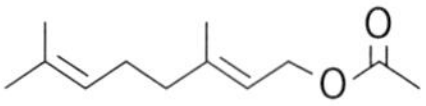

ネリルアセテート

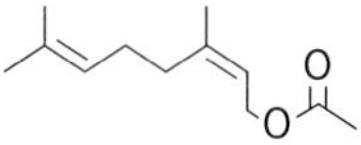

シトロネリルアセテート

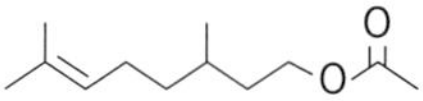

リナリルアセテート

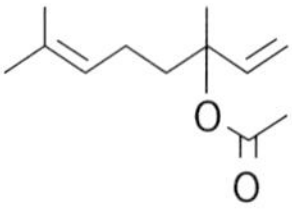

ジヒドロミルセニルアセテート

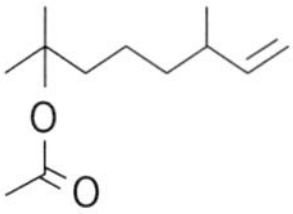

メンチルアセテート

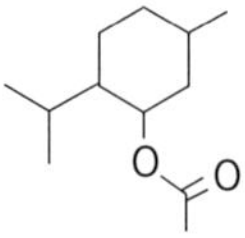

図1-16　モノテルペン系エステル化合物

23

コラム

適合マーク

　1988年10月に芳香剤、消臭剤、脱臭剤等の製造・販売に携わる業者が集まり「芳香消臭脱臭剤協議会」を設立した。会則の中で"一般消費者に供せられる芳香・消臭・脱臭剤について、より高い水準の品質を確保し、業界の健全な発展を図ることを目的とする。"と明記している。

　製品名としては、「芳香剤・消臭剤・脱臭剤・防臭剤」の4種を採用し（現在は芳香消臭剤の分野を設けている）、それぞれに該当する商品についての性能評価法（効力試験法）を定め、それらを自主基準として製品の品質を担保している。そして、定めた自主基準を満足している製品に対して、マーク（適合マーク）の使用を協議会として認可している。したがって、消費者が商品を購入しようとする場合、商品に適合マーク記載があれば、定められた試験法をクリアしたものであると判断できる。

適合マーク

第**2**章

においを感じる
メカニズムと嗅覚の特性

2-1 ヒトの五感 —嗅覚以外の感覚器官

（1）五感の分類

ヒトの五感の中で嗅覚は味覚とともに化学感覚に分類され、化学物質によって情報がもたらされる。一方、視覚、聴覚、触覚は物理感覚に分類される（図2-1）。

ある環境において、嗅覚から得られる情報と他の感覚からの情報が合わさることで、その環境の良し悪しや快不快の判断が変わってくる場合がある。また、嗅覚以外の感覚の作用によって、においの印象そのものにも影響がある。そのため、嗅覚以外の感覚器官のしくみを知っておく必要がある。本節では、おもに嗅覚以外のヒトの五感について概観する[1) 2)]。

（2）視覚

ヒトは、外部からの情報の80％以上を視覚に頼っているといわれる。図2-2に電磁波の区分を示す。電波から放射線であるガンマ線までを電磁波という。その中の光領域のさらに可視光線領域が、視覚に関与してくる。

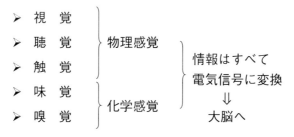

図2-1 ヒトの五感

図2-3に目の構造、図2-4に網膜部分の拡大図を示す。視覚は独特の情報伝搬システムを形成している。光は水晶体を通過し網膜色素上皮細胞に到達する。そこから視細胞（1.2億〜1.3億個）である錐体細胞（色彩を認識）、および桿体細胞（明暗を認識）で電気信号へ変換され、最終的に視神経細胞（約100万個）から脳へと信号が送られ、色彩・明暗を認識する。

図2-2に示したように、可視光線は赤〜紫の色彩を持っているが通常は無色である。しかし、私たちは日常生活において空に架かる虹で光の

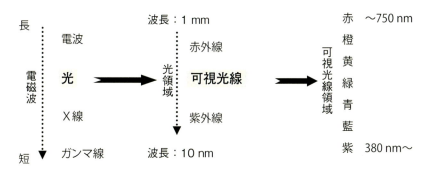

図2-2 電磁波の波長領域

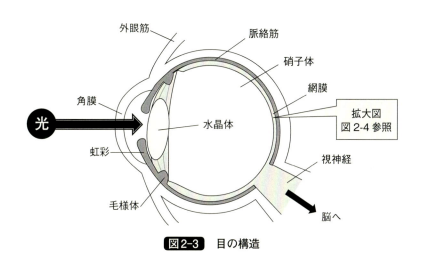

図2-3 目の構造

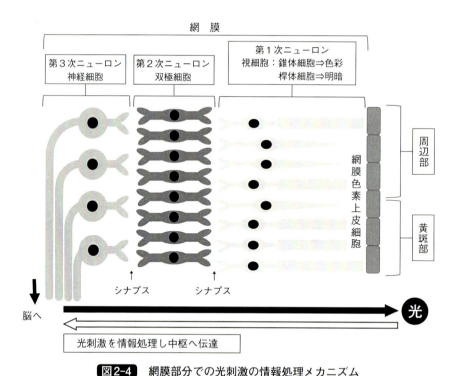

図2-4 網膜部分での光刺激の情報処理メカニズム

7色を理解できる。光とは可視光線を発する物体から直接ヒトの目に入る現象で、色とは光が物体に当たり反射してヒトの目に入る現象をいう。

　色の表現で「黒色」とは、光の反射が皆無であること、すなわち物体に当たった光がすべて吸収される現象で、逆に物体に当たった光がすべて反射される場合を「白色」と認識する。単に白色といっても、反射率の違いでさまざまな白色が存在することになる。

　透明とは物体に対して光の吸収・反射という相互作用がまったく生起しない状態をいう。例えば透明な板ガラスは、粉々に粉砕されると白色に変化する。宇宙に存在するとされる「ブラックホール」は、すべての電磁波現象を吸収している漆黒の状態といえる。表2-1に光の三原色と色の三原色をまとめて示す。

表2-1 光と色の三原色

光の三原色	色の三原色
赤　色	赤紫色
緑　色	青緑色
青　色	黄　色

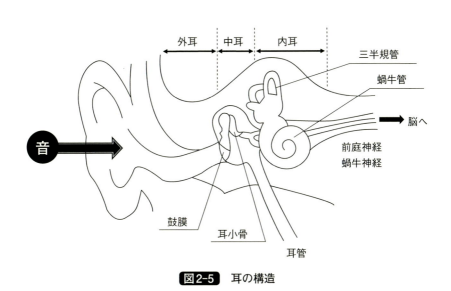

図2-5　耳の構造

(3) 聴覚

外部からの情報入手で、視覚の次に重要視されているのが聴覚である。図2-5に耳の構造を示す。

空気中を伝わってきた音波（物が振動することによって、その周囲に伝わる波動）を鼓膜の振動で情報としてキャッチする。その振動を耳小骨で増幅することで蝸牛管（カタツムリ管）へ伝わる。蝸牛管内部はリンパ液で満たされており、このリンパ液の揺れを蝸牛管中にある有毛細胞（約2万個程度）が検知し、電気信号に変換して蝸牛神経から中枢（脳）へ送り、音として認識する。

なお、ヒトが聞き取れる音域（可聴周波）は、周波数（振動数）が20 Hz〜2万Hz（20 kHz）の範囲である。一般的に20 Hz以下を低周波、20 kHz以上を超音波として区分される。図2-5に示した三半規管は、身体の平衡感覚（前庭感覚）を感知する。

（4）触覚

　五感の中で、視覚・聴覚・味覚・嗅覚は、頭部（顔）にのみ存在する器官である。しかし、触覚は全身（内臓も含む）に分布する唯一の感覚器官である。

　皮膚の構造は、表皮、真皮、皮下組織からなっており、そこには外部情報をキャッチするためのさまざまなセンサーが存在している。どのような感覚受容器があるのかを表2-2に示す。比較のため、下段に皮膚表面に存在する汗腺（エクリン汗腺）数を記載した。

　近年のロボットや義手の研究開発において、最も重要で難しい技術は、指で挟んで持ち上げ移動することである。ヒトの指は最小13 nmの凹凸を認識するといわれる。例えば金属加工の職人は、指先の感触で1/1000 mmの違いがわかるという。指先の2点識別能力は、敏感といわれる手のひらの3分の1以下の間隔と、際立っているのである。マジシャンの指先の巧みさにも納得がいく。

表2-2　触覚の受容器と受容器数

触覚受容器名	受容器数
機械受容器	約1.0×10^7個（全身）
	約1.7×10^4個（手のひら面内）
痛　点	100〜200個/cm^2
圧　点（触点）	20〜25個/cm^2
冷　点	6〜23個/cm^2
温　点	0〜3個/cm^2
汗腺（エクリン汗腺）	2×10^7〜5×10^7個（全身）

第2章　においを感じるメカニズムと嗅覚の特性

触覚の重要な役割として内臓感覚がある。これには、吐き気・渇きなどを感じる場合と、内臓痛と呼ばれる胃痛、腹痛、胸痛などを感じる場合がある。

(5) 味覚

味覚は、①塩味、②酸味、③苦味、④甘味、⑤うま味（旨味）の五基本味といわれる5種類の感覚で、それぞれに該当する化学物質を認識する。これらの中で、①はナトリウムイオンやカリウムイオンを味覚細胞がキャッチすることで塩辛い（しょっぱい）と認識し、②は水素イオンによって酸っぱさを認識する。③、④、⑤は分子全体を味覚細胞にある受容体が認識する。当初基本味は、①〜④を四基本味とし、⑤うま味という味覚は考えられていなかった。1908年、池田菊苗博士（当時、東京帝国大学）がコンブよりグルタミン酸を発見し「うま味」と名付け、その後1985年、国際的に「UMAMI」として認知された。

2000年、チャウダリー教授（USマイアミ大学）によって、グルタミン酸受容体が発見され「うま味」が基本味として正式に追加認知された。以前は、五味のそれぞれを感知する味覚細胞は舌の先端、側部、奥などに分かれていると考えられていたが、それは間違いであり、舌には味蕾という器官が存在し、その中に五味を判断する味覚細胞が集まっていることが明らかにされた（**図2-6**）。

また、一般的にいわれている味覚と年齢との関係について、**図2-7**に示したとおり、年齢とともに味覚が鈍くなる[3]。料理の味付けが濃くなるのは、必然的であることが理解できる。

味覚（五味）には、それぞれの役割がある。決して嗜好目的だけのものではなく、**表2-3**に示したようにヒトが生きていくための摂食にかかわる重要なセンサー部でもある。例えば、苦味は甘味のおよそ1,000分の1の濃度で感知できる。すなわち、味覚は身を守るための「砦」的な役割を担っている。

同様に、嗅覚からのにおい情報によっても、身の危険を察知し、さら

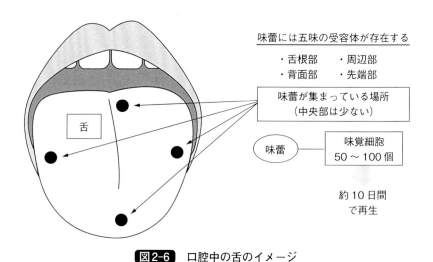

図2-6 口腔中の舌のイメージ

```
味蕾数
  乳幼児：約10,000個
  20代：　約9,000個
  80代：　約4,000個
```

図2-7 年代と味蕾数の関係

表2-3 味覚の役割

五　味	役　　　割
甘　味	エネルギーとなる糖類・炭水化物の存在を知らせる
塩　味	体液に必要なミネラル分の存在を知らせる
酸　味	食物が腐敗していること、果物が未熟であることを知らせる
苦　味	危険を知らせる毒物であることを知らせる
旨　味	タンパク質（アミノ酸）の存在を知らせる

第2章　においを感じるメカニズムと嗅覚の特性

表2-4 動物が有する味蕾数

動物名	味蕾数（個）	特　徴
ネコ	500〜1,000	甘味を感じない
イヌ	2,000	塩味を感じない
ウシ	25,000	―
ブタ	17,000	―
ヘビ	0（？）	食物を丸呑みする
ヒト	4,000〜10,000	年齢とともに減少する
クジラ	少数	食物を丸飲みする
ニワトリ	少数	食物を丸飲みする

　に食べ物の「適・不適」を判断している。化学的感覚器官である「嗅覚」「味覚」からの情報は、動物にとっての生命線であるともいえる。

　表2-4に動物が有する味蕾数を記載する。草食動物と肉食動物によって味蕾数は大きく異なる。肉食系は味蕾数が少なく、草食系は味蕾数が多くなっている[3]。

2-2　五感の中の嗅覚

（1）嗅覚の進化・退化

　地球での生命誕生時点へ遡り、さらに哺乳類の出現した時代に焦点を当ててみる。そこから、感覚器官の必然的進化とそれに伴う退化の歴史の一部を、うかがい知ることができる。

　生物は与えられた環境に適応するために、特に嗅覚または視覚のどちらの感覚に依存するかで、それらの遺伝子数を変化させてきた。心理学者でもあるフロイト（オーストリア、1856〜1939年）は、猿人が四足

歩行から二足歩行に移行したときから（鼻が大地から遠ざかったときから）、嗅覚は衰え始めたといい、進化論を唱えたダーウィン（イギリス、1809～1882年）は嗅覚を持つ多くの動物において、においを感じる嗅覚が生殖に重要な役割を果たし、雌はより強いにおいを持つ雄を好むと考えた。そして、要因については触れられていないが、文明化したヨーロッパ人において、嗅覚の衰えが見られると指摘した。

2004年1月、マックスプランク研究所（ドイツ）、ワイツマン科学研究所（イスラエル）は、ヒトやオランウータンなどの霊長類は、フルカラーの視覚の発達と引き換えに、鋭い嗅覚機能を失ったとコメントしている。すなわち、嗅覚遺伝子の偽遺伝子化（DNAの塩基配列が変異し機能を失うこと）が進行したのである。**表2-5**に代表的な哺乳類の嗅覚の偽遺伝子化率を示す[4)5)]。

1991年から始まったヒトゲノムの全解読は、2003年4月に完了宣言が出され、身体構造にかかわる遺伝子数は約3万5,000種と発表された。その後、1年以上をかけて検証が進められ、Nature 2004年10月21日号によると、遺伝子数は約2万2,000種に修正されている。

表2-6に、五感に関する遺伝子数を示す。嗅覚の遺伝子数が圧倒的に多いのは、哺乳類が登場した恐竜時代、捕食から生き延びるための生活環境を地下、夜間に求めたため、嗅覚を絶対的な情報収集手段としたからであろう。

（2）五感の優先性

五感の外的情報を得る場合の優位性、言葉での伝達性および感動の受動性については、私たちは圧倒的に視覚情報に頼っている。特に、化学的感覚器官である味覚・嗅覚からの情報の優位性の低さは顕著である。しかし、五感が記憶や感情に直接的に作用する割合では、嗅覚の重要性が一気に高まってくる。

なぜ嗅覚が記憶・感情に大きな影響力を持つのかは、その情報（電位差情報）を直接、中枢内の嗅球に伝達するからである。そして嗅球から

第2章　においを感じるメカニズムと嗅覚の特性

表2-5　代表的な動物の嗅覚の偽遺伝子化率

生　物		遺伝子総数	機能数	偽遺伝子率
哺乳類	ヒト	821	396	52 %
	マウス	1,370	1,130	18 %
	ラット	1,770	1,210	32 %
	イヌ	1,100	810	26 %
	ウマ	2,660	1,070	60 %
	チンパンジー	810	380	53 %
	アカゲザル	610	310	49 %
	アフリカゾウ	4,270	1,950	54 %
	クジラ、イルカ	退　化	—	—
鳥　類	ニワトリ	433	211	51 %
魚　類	メダカ	98	68	44 %
	トラフグ	125	47	62 %
爬虫類	スッポン	1,744	1,137	35 %
	アオウミガメ	849	254	70 %
両生類	ニシツメガエル	1,638	824	50 %
昆　虫	ショウジョウバエ	62	62	0 %
	ミツバチ	170	163	4 %
	蚊	79	79	0 %

（注）表中の数値はおよその数値である
　　　「分断遺伝子＋偽遺伝子」は、偽遺伝子とした

表2-6　五感に関する遺伝子数

五　感	遺伝子数
嗅　覚	約800種 （機能しているものは、約400種）
味　覚	約30種
視　覚	4〜10種
聴　覚	50〜100種（不確定）
触　覚	20〜40種（不確定）

大脳新皮質を経由せずに、直接、大脳辺縁系（偏桃体、海馬、本能的判断を司る役割を持つ）へと伝達する。これはほかの感覚器官ではみられないことである。本来、動物の嗅覚が、危険を察知するため、食料を得るため、繁殖のためなど、生きて種を繋ぐために極めて重要な感覚器官であることの証拠でもある。

2-3 においを感じるメカニズム

（1）におい分子の伝達[6]

　嗅覚は、五感の中で最も情動的反応を引き起こしやすいと考えられている。におい分子の鼻腔内への取り込まれ方、およびにおい分子が体内に取り込まれてから「におう」という感覚を引き起こすまでの経路の概要を、図2-8と図2-9に示す。

　ヒトは、鼻呼吸と口呼吸を器用に使い分けることができる。一般的に動物は鼻呼吸を主としているが、ヒトは二足歩行という進化の過程で口呼吸も可能になった。ここでは鼻呼吸を行った場合、におい物質はどのような経路をたどるのかを示す。

　図2-8に示すように、顔の前にある花のにおいは吸気時に感じる。この現象をオルトネーザルといい、におい分子は前鼻孔から鼻腔に入り、直接的に嗅細胞（正確には嗅繊毛）に到達する。

　次に、食べ物を咀嚼している場合を考えてみる。ヒトは食事をするとき鼻呼吸をする。鼻から息を吸い（吸気）、吐き（呼気）出すとき、咀嚼している食べ物のにおいも呼気と一緒になり、上咽頭から後鼻腔を通り嗅細胞に到達する（この現象をレトロネーザルという）。

　私たちが普段の食事で味わっているのは、味覚からの情報以上に、レトロネーザルによる嗅覚情報が重要になっている。

36

第2章 においを感じるメカニズムと嗅覚の特性

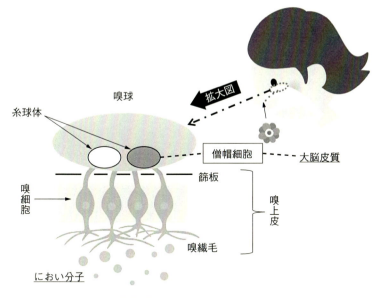

図2-8 鼻腔内の空気の流れ

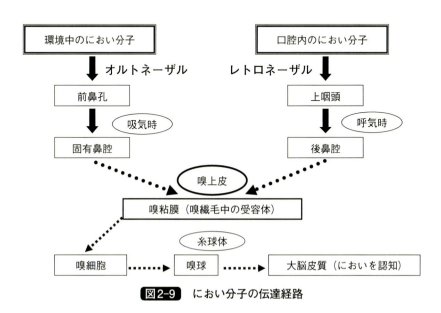

図2-9 におい分子の伝達経路

嗅粘膜に達したにおい分子は（図2-9参照）、嗅細胞の嗅繊毛（一般的神経細胞の樹状突起に相当する）に存在する嗅覚受容体にキャッチされる。におい分子という化学信号は嗅繊毛中で電気信号に変換され、それらの情報は最終的に大脳へと伝達され"におい"として認知する。

　嗅覚受容体でキャッチされた情報は、直接脳のさまざまな部位、例えば大脳辺縁系（嗅脳）にある扁桃体・海馬（本能、記憶などを司る）などに直接伝達される。嗅覚以外の4感覚は、脳の視床という部位で情報が統合処理され、そこから各種部位に分散されるが、嗅覚だけは独立的な神経伝達経路を有しているのである。

　こんな風景を想像してみよう。子どもたちにも人気が高い"カレーライス"がテーブルに運ばれてきた。カレーのにおいが漂い食欲をそそる。そのとき、私たちの脳内ではどのような情報が行き交っているのかを整理してみる。概略を図2-10に示した。

　まず、カレーから漂うにおい分子は嗅覚受容体によってキャッチされ、電気信号に変換され脳内の嗅球に伝達される。そこで1回目のシナ

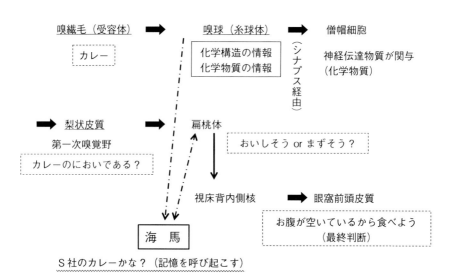

図2-10　脳内での情報伝達経路の一例

プス（神経細胞の接続箇所）を経由し、僧帽細胞（神経細胞の一種）に信号はリレーされる。そこまでの情報はカレーのにおい分子に関するもので、電気的な刺激であり、万人に起こり得る現象である。これから先の脳内での情報処理は、ヒトそれぞれで違ってくる。すなわち、梨状皮質、扁桃体、海馬などでは経験、記憶などの情報と照合しながら、今入ってきた情報を判断する。

図2-10に記載しているように、「カレーのにおいだ！」「おいしそうなのか、まずそうなのか？」を判断し、「ちょうど、お腹が空いているから食べよう」という最終判断を大脳皮質の眼窩前頭皮質で下し、食べるという行動に移る。おそらく、食べている最中には味覚情報も加わり、「S社のカレーかな？ いや、母親が作ってくれたカレーに似ている」などという記憶も呼び起こされるはずである。

（2）嗅繊毛でのにおい情報伝達

嗅神経細胞（嗅細胞）の樹状突起に相当する、嗅繊毛中での情報の伝搬メカニズムを**図2-11**に示す。嗅繊毛の細胞膜には、におい分子をキャッチする嗅覚受容体（Rと表記：7回膜貫通型タンパク質）が存在する[7]。

受容体タンパク質は、**図2-12**に示すように嗅繊毛の細胞膜を7回貫通している。タンパク質の構成ユニットであるアミノ酸配列によって、どのようなにおい物質をキャッチできるのかが決まってくる。以下に、嗅繊毛内でのにおい情報伝達メカニズムについて記述する。空気中に存在するにおい分子がRにキャッチされると、隣接するGTP（グアノシントリリン酸）結合タンパク質が活性化され、さらにアデニル酸シクラーゼ（AC）が活性化される。

引き続き、嗅繊毛中に存在するアデノシントリリン酸（ATP）が変化し、環状アデノシンモノリン酸（cAMP）を産生する。その結果、cAMPの濃度上昇に呼応するイオンチャネルが開き、細胞外から陽イオンであるカルシウムイオン（Ca^{2+}）、ナトリウムイオン（Na^+）が流れ

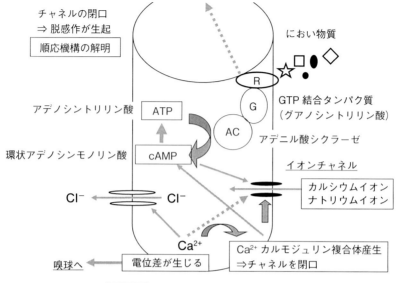

図2-11 嗅繊毛でのにおい情報伝達

込む。さらに、流れ込んだカルシウムイオンは、嗅繊毛細胞膜に存在する塩素（Cl⁻）イオンチャネルを開口し、内部に存在する塩素イオンを放出させる。これらの陽イオンの流れ込み、および陰イオンの放出によって、嗅繊毛内部の電位は一気にプラス側にシフトする。一連の嗅繊毛内で生起する情報伝達経路をフローシート化し、図2-13にまとめて示す。

次の段階で、嗅繊毛内に入ったカルシウムイオンは、それ自体もしくはカルモジュリンタンパク質と複合体を形成し、開口しているイオンチャネルを閉口する。その結果、嗅繊毛内のcAMPの減少、さらに受容体のリン酸化などが起こり嗅細胞は脱感作状態になり、機能を一時停止する。これが嗅細胞の短期的な順応に相当する。さらに、プラス側にシフトしていた嗅細胞の内部電位が、完全に元に戻るまで機能しないこともわかっている。

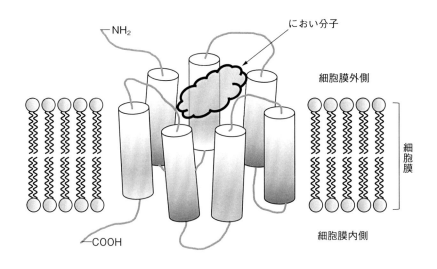

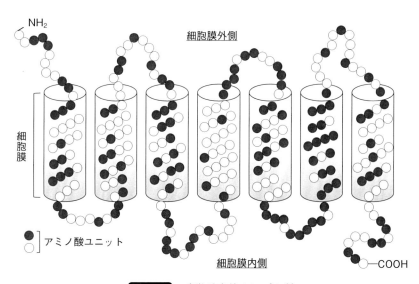

図2-12 嗅覚受容体タンパク質

　また、前述のとおり嗅覚受容体のタンパク質は、およそ20種類のアミノ酸で構成されている。嗅覚受容体は、アミノ酸配列の違いによってキャッチできるにおい分子の特性（例えば、分子の大きさ、分子の立体

```
    R   ⇒  GTP  ⇒  AC
（におい分子をキャッチ）
                    ATP      cAMP ⇒ イオンチャネルを開く
⇒ Ca²⁺,Na⁺ が流入 ⇒ 塩素イオンチャネルを開く
⇒ Cl⁻が流出 ⇒ 嗅繊毛内部は電位差が大きくなる
⇒ 電気信号として脳へ伝達
```

図2-13 におい分子をキャッチしたときの嗅繊毛内部の情報伝達フローシート

構造、親水性、疎水性、官能基の種類など）を見極めていることになる。逆の見方をすると、におい分子は自身の特性に合った受容体を見つけ出しているともいえる。

嗅繊毛の細胞膜を7回貫通している受容体タンパク質は、細胞膜部分でヘリックス（螺旋）構造をとり、立体構造的には凹部を形成する。その凹部の形をヒトの場合、約400種類保有している。それらの凹部に合致するにおい分子の立体構造が凸部に相当し、それぞれの凹凸がうまく一致し、さらに受容体タンパク質を構成しているアミノ酸との結合親和力の強弱によって、におい分子は受容体にキャッチされる。

におい情報の伝達は、嗅細胞内で発生した電気信号が脳に到達することで成り立っている。一方、吸気で肺胞に入ったにおい分子は、一部が血中に溶け込み、直接脳内血管にまでたどり着く。血管壁を通り、血中に溶け込んでいる分子が外に出ると、脳細胞の破壊やシナプスでの神経伝達物質への障害など、脳機能に対してダメージを与える場合がある。

例えば、トルエンを慢性的に吸入した場合、脳内に達したトルエンによって脳（脂肪分）組織が破壊されることが知られている。また、嗅覚の最大の特徴である嗅細胞が篩板を貫通し、直接脳内に入り込んでいる

メカニズムが、実はヒトに対してとてつもないリスクを強いていることはあまり知られていない。その危険性を紹介する[8]。

1990年代に、20歳代の女性が38℃ほどの発熱があったため、医師の診断を受け、インフルエンザを宣告された。しかし、翌日には39℃まで上昇したため入院治療を受けたがまったく改善することなく、意識混濁状態に陥った。大学の救命救急センターに搬入され、細菌性髄膜炎との診断で治療が続行された。翌日、女性は脳死状態となり、発症からわずか9日目で死亡が確認された。病理解剖の結果、女性の脳は形状を保てないほど溶けており、しかも嗅球はなくなっていたとされる。死因は原発性アメーバー性髄膜脳炎であった。アメーバーの名前は「フォーラーネグレリア」、別名：殺人アメーバー、脳食いアメーバーとも呼ばれ、脳細胞を餌にする極めて危険な微生物である。

感染ルートは、嗅上皮にある嗅細胞に取り付き、篩板の貫通部分から嗅球に侵入し、嗅球を食い荒らし、さらに中枢深部へと進行し完全に脳機能をダウンさせる。致死率は98％ともいわれている。死因特定の解剖がほとんど行われない日本での報告は、この1例のみであるが、アメリカでは150例近くが報告されている。微生物が容易に通過できる篩板は、当然のことながらさまざまな分子も通過し脳内に到達する。血液からの脳内拡散より、はるかに危険性の高い現象である。

 2-4 嗅覚の感度

（1）におい物質の閾値

第1章で述べたとおり、鼻腔内を通過する分子数が閾値分子数以上のときに「におう」という現象が起こるのである。一方、におい環境分野では一般的に、空間のにおい物質濃度とにおい物質の閾値濃度の大小関

係に着目して、そのにおい物質はにおう濃度以上であるのか否か、におう濃度以上であれば、対策を必要とする濃度以上であるのか否かを検討する。そのため、まずは代表的なにおい物質の検知閾値を知っておきたい。

各におい物質の検知閾値を知る前に、閾値の意味を整理しておこう。においの閾値には、検知閾値、認知閾値、弁別閾値がある。検知閾値とは、においの存在がわかる（においを感知できる）最低濃度のことであり、単に閾値という場合や嗅覚閾値という場合がある。認知閾値は、においの質やどんなにおいであるかがわかる最低濃度のことであり、弁別閾値はにおいの強さの差がわかる最小濃度のことである。この中で検知閾値は、いわゆる「におう」という現象に直接かかわるため、においの測定・評価、臭気対策に最も重要な閾値といえる。

におい環境分野の中で、重要なにおい物質である悪臭防止法で指定されている特定悪臭物質22物質の検知閾値を、悪臭防止法で示されている各物質のにおい質とあわせて**表2-7**に整理した[9] [10]。なお、悪臭防止法では、表2-7に示した検知閾値を用いておらず、第3章で述べる6段階臭気強度に対応するにおい物質濃度で規制しているので使い分けに注意してほしい。表2-7で示した22物質の検知閾値は、におい環境を評価する場合や、臭気対策を講じる際の対象物質となり得るか否かの検討に、広く用いられているものである。

アンモニアは、刺激臭の代表的な物質といわれ、悪臭の主成分としてよく取りあげられる。しかし、検知閾値は、1.5 ppmと22物質の中で最も高い。一方で、生ごみ臭の主成分とされるメチルメルカプタン、腐った魚のようなにおい（生ぐさいにおい）といわれるトリメチルアミン、腐敗臭（むれた靴下のようなにおい）といわれるイソ吉草酸など、危険を知らせる役割を持つにおい物質の検知閾値は総じて低い。腐敗臭などと比較すると、シックハウス症候群の原因物質といわれるトルエンを代表とするVOCの閾値は、数千倍から数万倍高い。

ここで、シックハウス対策として厚生労働省において示されている化

第2章　においを感じるメカニズムと嗅覚の特性

表2-7　特定悪臭物質のにおい質と検知閾値

物質名	におい	検知閾値（ppm）
アンモニア	し尿のようなにおい	1.5
メチルメルカプタン	腐った玉ねぎのようなにおい	0.000070
硫化水素	腐った卵のようなにおい	0.00041
硫化メチル	腐ったキャベツのようなにおい	0.0030
二硫化メチル	腐ったキャベツのようなにおい	0.0022
トリメチルアミン	腐った魚のようなにおい	0.000032
アセトアルデヒド	刺激的な青ぐさいにおい	0.0015
プロピオンアルデヒド	刺激的な甘酸っぱい焦げたにおい	0.0010
ノルマルブチルアルデヒド	刺激的な甘酸っぱい焦げたにおい	0.00067
イソブチルアルデヒド	刺激的な甘酸っぱい焦げたにおい	0.00035
ノルマルバレルアルデヒド	むせるような甘酸っぱい焦げたにおい	0.00041
イソバレルアルデヒド	むせるような甘酸っぱい焦げたにおい	0.00010
イソブタノール	刺激的な発酵したにおい	0.011
酢酸エチル	刺激的なシンナーのようなにおい	0.87
メチルイソブチルケトン	刺激的なシンナーのようなにおい	0.17
トルエン	ガソリンのようなにおい	0.33
スチレン	都市ガスのようなにおい	0.035
o-キシレン		0.38
m-キシレン	ガソリンのようなにおい	0.041
p-キシレン		0.058
プロピオン酸	刺激的な酸っぱいにおい	0.0057
ノルマル酪酸	汗くさいにおい	0.00019
ノルマル吉草酸	むれた靴下のようなにおい	0.000037
イソ吉草酸	むれた靴下のようなにおい	0.000078

注）検知閾値は永田らによる測定値[10]

45

学物質の室内濃度指針値[11]と検知閾値との関係をみてみよう。室内濃度指針値は、「ヒトがその化学物質の示された濃度以下の暴露を一生涯受けたとしても、健康への有害な影響を受けないであろうとの判断により設定された値」である。

室内濃度指針値が設定されているにおい物質の中で、検知閾値がわかっている物質の指針値[11]と検知閾値[10]を**表2-8**に示す。指針値と検知閾値の濃度の大小を比較すると、トルエン、ホルムアルデヒドなどは、検知閾値のほうが大きい。すなわち、指針値以下であれば、においを感じることはない。一方、アセトアルデヒド、スチレンなどは指針値のほうが大きい。そのため指針値以下の濃度に抑えられていても、におう場合があり、不快臭の原因物質となり得るため注意が必要である。

（2）検知閾値の個人差

日常生活の中で、他人が良いにおいと思うにおいを不快と感じるなど、においの感じ方には個人差があることは経験から知っていることではないだろうか。では、においを感知できる濃度、すなわち検知閾値に個人差はないのであろうか。表2-7に、特定悪臭物質の検知閾値を示したが、この検知閾値以下のときには、すべてのヒトがにおいを感じない

表2-8 室内濃度指針値と検知閾値の比較

物質名	室内濃度指針値		検知閾値
	$\mu g/m^3$	ppm（25℃換算）	ppm
ホルムアルデヒド	100	0.08	0.5
アセトアルデヒド	48	0.03	0.0015
トルエン	260	0.07	0.33
キシレン	870	0.20	0.041
エチルベンゼン	3800	0.88	0.17
スチレン	220	0.05	0.035

注）検知閾値は永田らによる測定値[10]

のであろうか。本項では、検知閾値の個人差の程度について知り、におい の測定や評価、臭気対策を講じる際に、考慮すべき点として個人差が あることを抑えておきたい。

表2-7の特定悪臭物質の検知閾値は、第4章で述べる臭気指数測定の 公定法である三点比較式臭袋法を用いて、求められたものである。三点 比較式臭袋法は、ヒトの嗅覚を用いた測定法であり、6名以上のヒトの 検知閾値に基づいてにおいの濃さを求める方法である。そのヒトはだれ でも良いわけではなく、嗅覚パネル選定試験に合格したヒトでなければ ならない。

嗅覚パネル選定試験についても第4章で詳細を述べるが、このテスト では、5種類の基準臭が用いられる。合格者は、各基準臭の基準濃度以 上の濃さを嗅げることが保障される。しかし、どこまでの低濃度のにお いを嗅げるかはわからない。そのため、かなりの低濃度まで嗅げるヒト 6名で測定した場合と、基準濃度をやっと嗅げたヒト6名で測定した場 合とでは、測定結果が当然異なってくる。

嗅覚パネル選定試験の基準臭であるβ-フェニルアチルアルコール （バラの花のにおい）とイソ吉草酸（むれた靴下のようなにおい、腐敗 臭）の検知閾値に、どの程度の個人差があるのであろうか。

図2-14は、20歳代の検知閾値を調べた結果（大同大学での測定デー タ）であり、各個人の検知閾値の分布を示している。横軸は常用対数の 対数値（＝log（濃度））を示しており、横軸の「0.5」の差が濃度にする と約3倍、「1」の差が10倍になる。すなわち、β-フェニルエチルアル コールでは、-4.0（0.0001）までしか嗅げないパネルと、-7.5 （0.00000003）まで嗅げるパネルの検知閾値の差は約3,000倍となる。イ ソ吉草酸では、-5.0（0.00001）から-7.5（0.00000003）で約300倍の濃 度差である。におい物質により、検知閾値の個人差の程度が異なるだけ でなく、同じ20歳代でも、検知閾値に数百から数千倍の濃度差がある ことになる。

また、同じ20歳代でも検知閾値に差があるが、検知閾値は加齢に伴っ

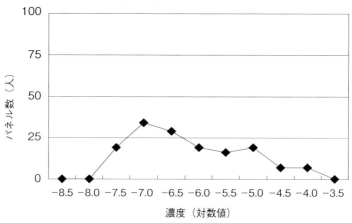

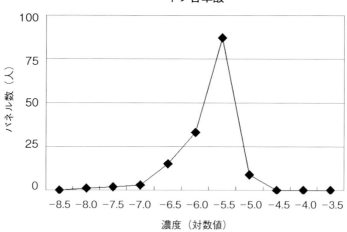

図2-14 20歳代のにおい物質に対する検知閾値分布
（注）横軸の数値は10^XのXの値である

て低下するといわれている。年齢と検知閾値の関係をみてみよう。20歳代から60歳代までの170名に嗅覚パネル選定用試験を実施し、合格率を20歳代、30・40歳代、50歳代、60歳代別にまとめた。結果[12]を図2-15に示す。嗅覚パネル選定用試験の5種類の基準臭をすべて嗅ぎ分け

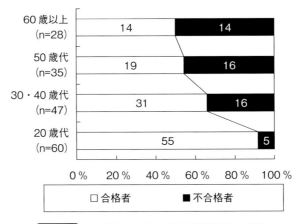

図2-15 年齢別のパネル選定用試験の合格率

られると合格であり、1種類でも嗅ぎ分けられないと不合格となる。嗅ぎ分けられないということは、そのにおい物質の検知閾値は基準濃度未満ということを示している。

　20歳代から60歳代までの170名の合格率は70％であった。20歳代では92％であるが、30・40歳代で66％、50歳代で54％、60歳代で50％と、加齢に伴う嗅力の低下がみられる。また、どの年代においても最も正解率が低かったのはイソ吉草酸であり、加齢に伴いイソ吉草酸の正解率はさらに低下していった。その他のβ-フェニルエチルアルコール、メチルシクロペンテノロン、スカトールの正解率は年齢にかかわらず比較的高く、高年齢層でも約80％であった。

　図2-14のとおり、20歳代のイソ吉草酸の閾値は-5.5に集中しており、パネル選定用試験のイソ吉草酸の基準濃度である-5.0とは3倍しか差がない。加齢により嗅力が低下すると、閾値が上昇し、多くのヒトがイソ吉草酸の基準濃度を嗅ぎ分けられなくなる。靴下のむれたにおいといわれるイソ吉草酸などをヒトの嗅覚で測定する際には、特に年齢により、検知閾値に差があることを考慮する必要があるといえる。

2-5 においの濃さと強さ感覚の関係

（1）フェヒナーの法則

　ヒトが感知できる最小濃度について述べてきたが、ヒトが感じるにおいの強さに、におい物質の濃度はどのように影響しているのだろうか。本項では、においの濃さとにおいの強さ感覚の関係を把握しておこう。

　ヒトの五感において刺激強度と感覚量の間には、図2-16のように刺激が強まるほど感覚量は増加しなくなり、中程度の刺激強度の範囲で、刺激強度の対数に感覚量が正比例するという関係があるといわれている。このような関係をFechner（フェヒナー）の法則という。

　においの感覚において、刺激強度をにおいの濃さ（におい物質濃度）とすると、においの感覚量を強さ感覚（臭気強度）とすることができる。この場合、におい物質濃度の中程度の濃度範囲において、図2-17に示すように、におい物質濃度と強さ感覚の間には、においの強さ感覚が、物質濃度の対数に正比例するという、フェヒナーの法則が成り立つ

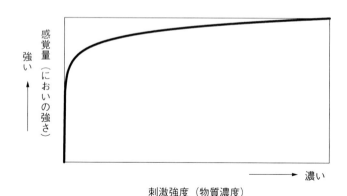

図2-16　刺激強度（におい物質濃度）と感覚量（においの強さ）の関係

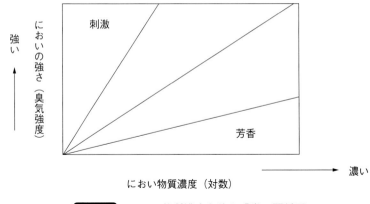

図2-17 におい物質濃度と強さ感覚の関係図

ことが多い。フェヒナーの法則は、ウェーバー・フェヒナーの法則とよばれていたこともあるが、におい分野において最近ではフェヒナーの法則とよばれている。

図2-17に示したとおり、刺激のあるにおいは傾きが急であり、甘い芳香では緩やかであることが多い。におい物質濃度と臭気強度の関係式を（2-1式）に示す。刺激のあるにおいでは傾きaが大きくなる傾向にあるのである。

$$I = a\log C + b \qquad (2\text{-}1式)$$

I：臭気強度，C：においの成分濃度，a：傾き，b：常数

実験によってβ-フェニルエチルアルコールとイソ吉草酸について、におい物質濃度と臭気強度の関係を求めた結果（大同大学での測定データ）を図2-18に示す。β-フェニルエチルアルコールのように芳香と感じられる花のにおいと比較し、イソ吉草酸のように腐敗した悪臭と感じられるにおいは傾きが急であることがわかる。

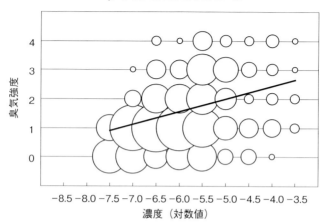

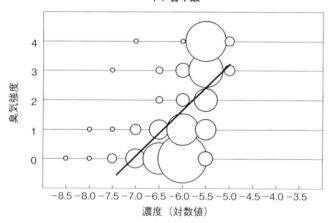

図2-18 β-フェニルエチルアルコールとイソ吉草酸の濃度と臭気強度の関係
（注）横軸の数値は10^XのXの値である

（2）特定悪臭物質の濃度と臭気強度の関係

　特定悪臭物質には、傾きにどの程度の差があるのだろうか。表2-9に、悪臭防止法の特定悪臭物質の濃度と臭気強度（0～5の6段階の尺度で示されている）の関係式を示す[9]。傾きaが大きいのは、刺激臭の

第2章　においを感じるメカニズムと嗅覚の特性

表2-9　特定悪臭物質の濃度と臭気強度の関係

物質名	臭気強度（Y）と物質濃度（X）との関係式 X：ppm
アンモニア	$Y = 1.67 \log X + 2.38$
メチルメルカプタン	$Y = 1.25 \log X + 5.99$
硫化水素	$Y = 0.950 \log X + 4.14$
硫化メチル	$Y = 0.784 \log X + 4.06$
二硫化メチル	$Y = 1.05 \log X + 4.45$
トリメチルアミン	$Y = 0.901 \log X + 4.56$
アセトアルデヒド	$Y = 1.01 \log X + 3.85$
プロピオンアルデヒド	$Y = 1.01 \log X + 3.86$
ノルマルブチルアルデヒド	$Y = 0.900 \log X + 4.18$
イソブチルアルデヒド	$Y = 1.06 \log X + 4.23$
ノルマルバレルアルデヒド	$Y = 1.36 \log X + 5.28$
イソバレルアルデヒド	$Y = 1.35 \log X + 6.01$
イソブタノール	$Y = 0.790 \log X + 2.53$
酢酸エチル	$Y = 1.36 \log X + 1.82$
メチルイソブチルケトン	$Y = 1.65 \log X + 2.27$
トルエン	$Y = 1.40 \log X + 1.05$
スチレン	$Y = 1.42 \log X + 3.10$
o-キシレン	$Y = 1.66 \log X + 2.24$
m-キシレン	$Y = 1.46 \log X + 2.37$
p-キシレン	$Y = 1.57 \log X + 2.44$
プロピオン酸	$Y = 1.46 \log X + 5.03$
ノルマル酪酸	$Y = 1.16 \log X + 5.66$
ノルマル吉草酸	$Y = 1.58 \log X + 7.29$
イソ吉草酸	$Y = 1.09 \log X + 5.65$

代表的な物質であるアンモニア1.67やO-キシレン1.66であり、小さいのは硫化メチル0.784、イソブタノール0.79である。硫化メチルはキャベツの腐ったようなにおいといわれる一方で、海苔のにおいともいわれる。特定悪臭物質に指定されている物質でさえ、傾きの大小に約2倍の差がある。

(3) におい物質の除去率とにおい感覚

　この傾きは、臭気対策にも大きく関係する。傾きが急である物質と緩やかな物質で、物質除去率が同じであった場合、傾きが急な方が強さは低下したように感じることになる。

　臭気除去対策を施したときのにおい感覚への影響をもう少し詳しくみてみよう。図2-19は硫化水素濃度と臭気強度の関係を示したものである。硫化水素は腐った卵のにおいといわれ、下水臭、生ごみ臭、便臭などの成分である。例えば、0を「無臭」、5を「強烈なにおい」とする6段階の臭気強度尺度を用いると、10 ppmの硫化水素濃度に対して、臭

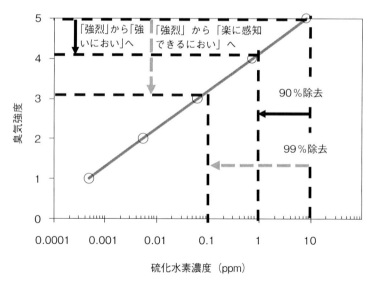

図2-19　硫化水素濃度と臭気強度の関係

気強度は5の「強烈なにおい」となる。臭気対策により硫化水素が90％除去され、1ppmになったとすると4の「強いにおい」となり、99％除去され0.1ppmになったとすると3の「楽に感知できるにおい」となる。

におい物質が99％除去されたと聞くと、印象として無臭に近い状態になったように思われるが、実際には臭気強度尺度で2段階しか低下せず、「楽に感知できる強さのにおい」になったにすぎない。におい物質濃度が10分の1になると、臭気強度が約1段階下降するという程度の関係にあることになる。

一般に、刺激の強い物質の場合には、例にあげた硫化水素よりも傾きが急であるため、におい物質濃度が10分の1になったときの臭気強度の低下は硫化水素より大きいが、同時に、におい物質濃度が上昇したときの臭気強度の上昇の度合いも大きいことに注意が必要である。一方、傾きが緩やかなにおいは、におい物質濃度が上昇しても臭気強度の上昇は顕著ではない。しかし、一旦、強いにおいに感じられた場合、臭気強度を低下させるためには、におい物質濃度を大幅に低下させなければならないことになる。このようなにおいが苦情としてあがると、相当の除去率を必要とすることになる。

2-6 においの濃さによって感じる質の変化

においの濃さと強さ感覚の関係をみてきたが、本節ではにおいの感じ方のもう1つの重要な指標である、においの質に着目して、においの濃さと質の関係をみてみよう。

ひとつ1つの嗅覚受容体の、においに対する閾値が異なっており、においが低濃度では反応しない嗅覚受容体も、高濃度になると反応することがわかっている。すなわち、低濃度のときと高濃度のときに刺激される受容体の組合せが異なり、高濃度のときは、低濃度のときに比べて、

刺激される受容体の数が多くなることになる。受容体の組合せの数が異なれば、当然、違うにおい質として感じられるわけである。このように、においの質の感じ方についても嗅覚受容体が大きく関与している。

　におい物質の濃度により、感じるにおいの質が変化するといわれている物質として、よく知られているのはスカトールで、高濃度では糞臭、低濃度では花のにおいに感じる。このほか、におい物質濃度の差により質の変化がみられるにおい物質に、インドールがあり、低濃度では白い花を想起させるにおいであるが、高濃度では糞臭といわれている[13]。

　また、低濃度では野菜のクッキング臭、高濃度で海苔の佃煮様で刺激の強いにおいといわれる硫化メチルがある。硫化メチルは、特定悪臭物質に指定されており、住宅内の不快なにおいとしてあげられる生ごみ臭の成分としても検出されている。中でも野菜くずから高濃度の硫化メチルが検出されている[14]。このように悪臭成分として扱われることの多い硫化メチルであるが、その一方で、食品添加物の食品香料としても用いられている。硫化メチルは生活環境において悪臭として除去しなければならない反面、添加することで生活を豊かにする両極の面を持っている物質である。

　硫化メチルを用いたにおい物質濃度と、感覚的なにおい質の変化の関係について検討した結果を紹介する[15]。におい物質濃度を閾値に基づく臭気濃度（においを無臭の清浄空気で希釈したとき、においが感じられなくなった希釈倍数のことであり、臭気濃度1が閾値）に変換して検討すると、検知閾値から80倍の濃さで「不快」に感じられるようになり、検知閾値から100倍の濃さでにおいの質評価にも変化がみられた。図2-20に各濃さの硫化メチルに対するにおい質の評価結果を示す。検知閾値から100倍になると「うっとうしさ」「鋭さ」「嫌い」の評価が有意に上昇した。検知閾値から100倍以上の濃さになると、悪臭と感じられる質へと変化していくことがわかる。このように、濃度によって感じられるにおいの質にも変化が生じることがあることを知っておこう。

56

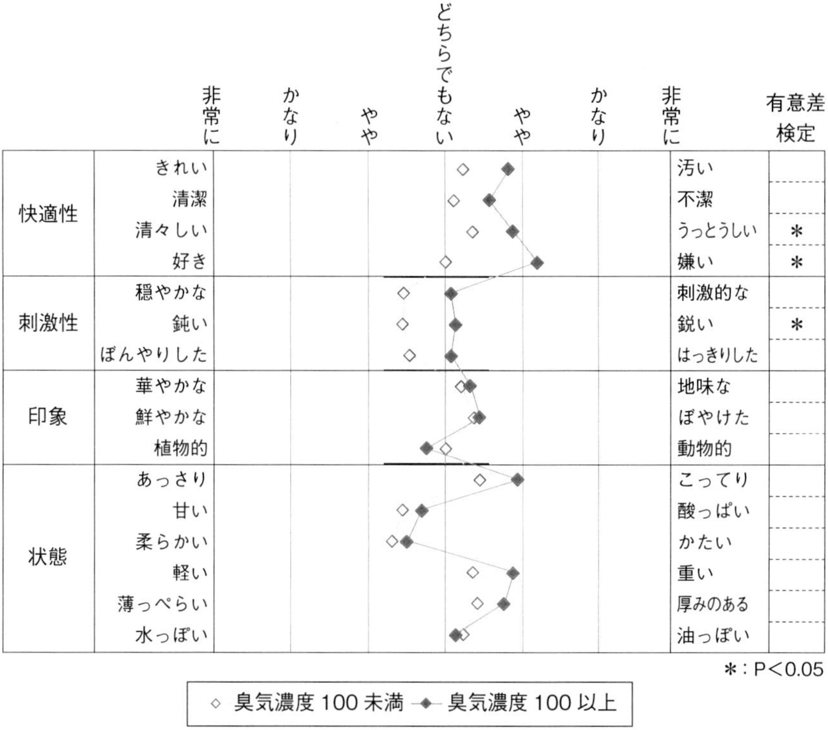

第2章　においを感じるメカニズムと嗅覚の特性

		非常に	かなり	やや	どちらでもない	やや	かなり	非常に		有意差検定
快適性	きれい								汚い	-----
	清潔								不潔	-----
	清々しい								うっとうしい	＊
	好き								嫌い	＊
刺激性	穏やかな								刺激的な	-----
	鈍い								鋭い	＊
	ぼんやりした								はっきりした	-----
印象	華やかな								地味な	-----
	鮮やかな								ぼやけた	-----
	植物的								動物的	-----
状態	あっさり								こってり	-----
	甘い								酸っぱい	-----
	柔らかい								かたい	-----
	軽い								重い	-----
	薄っぺらい								厚みのある	-----
	水っぽい								油っぽい	-----

＊：$p < 0.05$

◇ 臭気濃度 100 未満　◆ 臭気濃度 100 以上

図2-20　硫化メチルの濃度別のにおいの質評価

2-7 環境条件とにおいの感じ方の関係

　ミント系のにおいは涼しく感じさせ、柑橘系のにおいにはあたたかく感じさせる効果があることはよく知られている。においが温冷感に影響するなど、においとほかの環境要素（例えば、暑さ寒さ、うるささ静かさなど）は互いに関係しているのである。つまり、においは、どのような環境においても同じように感じられるとは限らない。

　例えば、木のにおいであるα-ピネンとそのにおいを嗅ぐ部屋の温度により、環境の総合的な快適感がどのように変わるのかを検討した結果

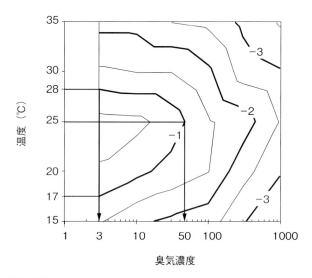

図2-21 α-ピネンの臭気濃度・温度と総合的不快感の関係

を紹介する[16]。図2-21に、α-ピネンの臭気濃度と室内の温度と環境の総合的不快感の関係を示す。図2-21の「-1」は総合的不快感が「やや不快」、「-2」は「不快」、「-3」は「非常に不快」であることを示している。この評価が「やや不快」の「-1」になる温度と臭気濃度を求めると、25℃のときには臭気濃度約50であるが、17℃あるいは28℃のときには臭気濃度3となり、室内の温度によってやや不快と感じられる臭気濃度が異なることが示されている。

　この結果から、室温が低めまたは高めの場合には、室内の環境を総合的に不快に感じないようにするために、においの濃さをより低く抑える必要があることになる。ヒトが感じる環境全体の快適感には、さまざまな環境要素が影響するため、においの感じ方にも他の環境条件がかかわってくることが推察される。

　においという現象には嗅覚以外の感覚器官も関わっており、ほかの環境要素に対する感覚もにおいの感じ方に相互に影響しているのである。

第 **3** 章

不快なにおいの種類と
基準値

私たちは生活している環境において、どのようなにおいを意識し、感じているのであろうか。また、そのにおいに対して、対策が必要なのであろうか。対策を施すとすると、どの程度までの低減が必要なのであろうか。本章では、においに対する意識を探り、生活環境において感じているにおいの種類と、臭気対策における低減目標である基準値について紹介する。

3-1　生活環境のにおい

3-1-1　においに対する意識

（1）におい意識の変遷

　生活環境に関する意識調査により、生活環境の中でのにおいに対する意識の変遷を追った。生活に関する基本となる人間の欲求は、「安全性」「保健性」「利便性」「快適性」に分類され、欲求はこの順に高度化するといわれている[1]。

　生活環境評価項目に対する居住者の満足度評価をもとに因子分析を行い、評価項目を分類し、さらに居住性の総合的な評価に対するウェイトを検討した研究をもとに意識構造を探る。

　図3-1は1968年に行われた調査結果[2]をもとに描いた、意識構造の概念図である。「総合的居住性」に対して寄与が大きいのが「安全性」「保健性」であり、「におい」は「周辺の清潔さ」と同様に「保健性」の項目に含まれている。

　図3-2に1973年、1974年に行われた調査結果[3] [4]をもとに描いた意識構造の概念図を示す。「総合的居住性」に対して「快適性」のウェイトが大きくなっている。また、「保健性」と「快適性」の境界がなくな

第3章　不快なにおいの種類と基準値

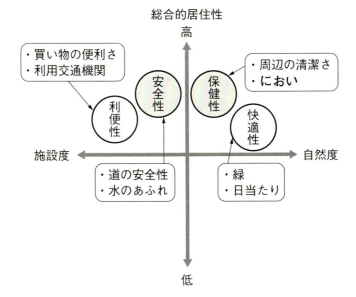

図3-1　生活環境の意識構造の概念図（1968年調査）

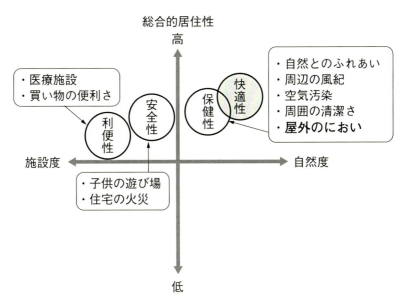

図3-2　生活環境の意識構造の概念図（1973、1974年調査）

りつつあり、「におい」が「快適性」の要素としての側面を持ちつつあることがわかる。

　また、1990年に行われた調査[5)]では、においを意識するか否かと、においを意識している人が生活環境要素の中でにおいを不満点にあげるか否かの回答を求めた。生活環境評価の中でのにおい意識の位置づけが明らかにされている。図3-3では、「住宅内の性能」因子と「快適性」因子軸上へにおいを意識していない人の因子スコアをプロットした。図3-4には、同軸上へにおいを意識している人の因子スコアをプロットした図を示す。この2つの図から「快適性」に対して不満度の高い場合に、においを意識していることがわかる。また、においを意識している中で「住居内の性能」に満足の得られた場合に、においを生活環境要素の中での不満点にあげていることが明らかである（図3-4）。このことから住居内の性能面が充実してくると、より快適な生活を求め「におい」を強く意識し始める状況がみえてくる。

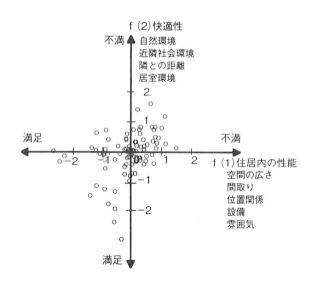

図3-3　においを意識していない人の「住居内の性能」と「快適性」因子軸上への因子スコアプロット図（1990年調査）

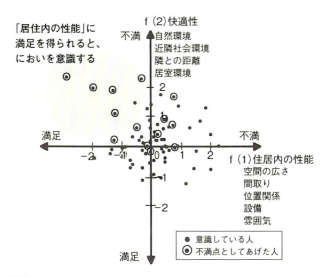

図3-4 においを意識している人とにおいを不満点としてあげた人の「住居内の性能」と「快適性」因子軸上への因子スコアプロット図（1990年調査）

（2）におい意識に関係する要因

近年、室内のにおいを気にする人が確実に増えているが、関係すると考えられる要因をあげると、次のようになる。

①**建物の気密化**

近年、エネルギー効率向上のため建物の断熱効果が優先されてきた。その結果、建物の高気密化が進み、建物の隙間がほとんどなくなり、意図しない換気は起こりにくくなった。そのため一旦、室内でにおいが発生すると、意識的に対策を行わなければ、においの低減を図ることが難しくなった。いわゆる室内ににおいがこもりやすい状態が作られている。

②**女性の社会進出**

共働き世帯の増加とともに、住居内に人がいない時間が多くなり、窓や扉を開放する回数、時間が減り、室内ににおいがこもりやすい状態が

作られている。

③食の国際化

　近年、食の国際化が進み、肉類、油脂類（油、ドレッシングなど）、スパイス類（香辛料）など世界の食材（食品）をふんだんに使用するようになり、食におけるにおいの質が多様化・複雑化してきた。これまでの日本の食文化は、穀類を中心にした野菜、魚であった。最近、食の変化に伴って日本人の体臭に変化が生じているといわれる。特に脂質の過剰摂食は、皮膚表面の皮脂腺からの分泌量を増加させ、人体から発生するにおいが取り上げられることが一層多くなってきている。

④室内でのペット飼育

　室内で飼育するペット（犬、猫）は、ほぼ自由に室内を動き回る。排泄の場所は躾により決まるようであるが、排泄後、ただちに片付けられない場合、においが部屋内に拡散することになる。ペットフードも、ドライタイプだけでなく缶詰などもあり多彩である。食べ散らかしや、食べ残しを体に付けたままペットが室内を動き回ることでカーペットなどを汚し、不快臭の発生原因を作ってしまうことがある。

⑤超高齢社会の到来

　日本は世界一の超高齢社会に突入している。日本において介護施設、病院、在宅介護における環境改善として、においは大きな課題である。介護される側はもちろんであるが、介護する側の負担軽減という意味合いからも、におい問題の解決は早急性を要する。

⑥単身世帯の進行

　歴史的に考えても、日本は地域でのコミュニケーションの形成が確固であり、近隣住民は強い家族的絆で結ばれていた。しかし、現代社会では特に都市部において、プライバシーや個人情報の保護といった過度とも思われる対応が優先され、その結果、隣家に住んでいる人さえ知らないという現実が生まれた。そのような状況下では、隣から漂ってくる調理臭でさえも悪臭と感じられ、苦情につながりかねない。また、家族の単位が一世代であれば、子どもと祖父母との交流は極めて希薄になる。

第3章　不快なにおいの種類と基準値

・30〜40代男性特有のにおい ⇒ ミドル臭（中年臭）と呼んでいる（2013年 マンダム社）

　　　　後頭部、頚部周辺で発生
　　　　原因物質は**ジアセチル**
　　　　（エクリン汗腺から乳酸（無臭）が分泌 ⇒ 分解）

> ジアセチル：
> 沸点：88℃、安定
> 閾値：0.05 ppb

・30代男性特有のにおい ⇒ 皮脂分泌量が最大となる

　　　　体幹部に皮脂腺が多い ⇒
　　　　皮脂が酸化され、**ペラルゴン酸**（C9）が産生（2008年 ライオン社）

・疲労臭

　　　　原因物質は**アンモニア**
　　　　ストレス、疲労の蓄積によって肝機能が低下
　　　　⇒ 肝臓での解毒機能が弱まる
　　　　⇒ 血液中のアンモニア量が増加
　　　　⇒ 呼気、汗中に直接出始める

> アンモニア：
> 閾値：0.1 ppm
> 　　　（1.5 ppm）

図3-5　さまざまな体臭

　このような単身世帯の進行は体臭問題とも関係する。**図3-5**のとおり、体臭は年齢や性別、体調によって変化する。加齢とともに増加するノネナールは加齢臭（2001年、資生堂）と呼ばれている。一世代や単身での暮らしにおいては、自分と年代の異なる人のにおいを嗅ぎなれておらず、異なる年代の体臭に対して強い不快感を持つ状況が生まれやすい。

3-1-2　意識されているにおいの種類

（1）屋外のにおい

　1990年に実施したにおい意識調査において、屋外のにおいとして自由記述で回答者の3％以上からあげられたにおいは、「花のにおい」「排気ガス臭」「近所の調理臭」「ごみ焼き臭」「ペット臭」「側溝のにおい」「ごみ集積場のにおい」である[5]。2000年に同調査を同地区で行った結

65

果[6] では、「木・草・花のにおい」「排気ガス臭」「ごみ焼き臭」「ペット臭」「飲食店からのにおい」「近所の調理臭」「畑の肥料のにおい」「ごみのにおい」であり、「側溝のにおい」に変わって「畑の肥料のにおい」があげられ、「調理臭」について「飲食店からのにおい」も加わった。また、2008年に実施された自宅以外で感じるにおいの強度調査では、「弱く感じる」以上のにおいが存在する場所として、おもに、「病院」「飲食店」「乗り物」があげられた[7]。

(2) 室内のにおい

　住宅内のにおいに関するアンケート調査結果によると[8]、6割の人が住宅内で臭気（不快なにおい）を感じており、臭気を感じている場所は「台所」と「便所」が5割程度、「居間」が3割程度であることが明らかとなっている。各空間に存在する臭気の種類は、「台所」では「生ごみ臭」や「調理臭」、「便所」では「トイレ臭」、「居間」では「たばこ臭」、水まわりでは「カビ臭」や「排水口臭」、「玄関」では「ペット臭」や「下駄箱臭」があげられている。このほか、冬季に気になるにおいとして、ストーブや給湯器などからの燃焼臭があげられる。

　超高齢社会の中で高齢者施設が注目され、施設の抱えるさまざまな問題が表面化してきているが、その中の1つとして介護臭の問題が指摘されている。

　中部地区の高齢者施設において、施設職員を対象として臭気に関するアンケート調査を実施し、施設内における臭気の実態を明らかにしている研究報告[9] がある。そこから、「各場所の臭気強度」と「居室の臭気源」をまとめると、臭気強度の高さが目立つのは、汚物処理室と便所である。高齢者にとっておもな生活の場である居室も6段階臭気強度評価で、半数が2（何のにおいであるかがわかる弱いにおい）以上の評価をしている（第4章4-2節4-2-4項参照）。また、居室においては、どの場所よりも多種類の臭気源が回答された。

　臭気源の中で、最も多かったのは排泄物57％、続いて体臭41％で

あった。汚物処理室と便所においては、排泄物が最も多く、汚物処理室では65 %、便所では79 %を占め、次いで薬品が共に6.5 %で多かった。居室、便所、汚物処理室のおもな臭気源である排泄物の臭気は失禁時、おむつ交換時などに一時的に室内で感じられるだけでなく、室内の壁面、天井面、カーテン、寝具などへ臭気が染み付き、常時、室内の臭気を感じる原因となる場合となっている。なお、住宅や施設内の各場所の表記については、各アンケート調査票の記載どおりとした。

　住宅、高齢者施設以外の各種建築物ではトイレ臭、たばこ臭、建材臭が不快なにおいの対象となり、場合によっては厨房臭、浄化槽の臭気、ビルピット（排水槽）の臭気が不快なにおいの対象となる。建材臭については、特に新しく導入した建材から汚染ガスが発生するために、新築、増改築直後には注意が必要である。また、人が汚染の主要因とみなされる事務所や教室などにおいては、臭気として体臭も考慮する必要がある。

3-1-3　室内のにおいの発生原因

　日常生活において室内でにおいが発生する原因としては、主として以下の2要因があげられる。

（1）細菌（バクテリア）、カビの働きによるにおいの発生

　においの存在しないはずの空間で、新たににおいの発生を感じた場合、その原因は、ほぼ細菌、カビの作用であると考えて間違いない。細菌類の生息・増殖条件は、①栄養分、②水分（湿度）、③温度の3条件で、カビ類の場合はこれらの3条件に④酸素が加わる。余談であるが、菓子類の包装で脱酸素剤が使用される目的は、カビ発生の抑制である。

　細菌類は大きく2種類に分類される。すなわち、酸素（空気）を必要とする好気性細菌と、酸素を必要としない嫌気性細菌である。栄養分と同時に酸素を細胞内に取り入れる呼吸（酸化分解反応）を行うため、排

表3-1 タンパク質を構成する20種類のアミノ酸

1	アラニン：A	11	アルギニン：R
2	バリン：V	12	セリン：S
3	ロイシン：L	13	トレオニン（スレオニン）：T
4	イソロイシン：I	14	チロシン：Y
5	フェニルアラニン：F	15	ヒスチジン：H
6	プロリン：P	16	システイン：C
7	メチオニン：M	17	アスパラギン：N
8	アスパラギン酸：D	18	グルタミン：Q
9	グルタミン酸：E	19	トリプトファン：W
10	リシン：K	20	グリシン：G

（注）各アミノ酸名の末尾に示したアルファベットは、表示する場合の記号である

出される物質は酸化物であることがわかる。したがって、においの発生は抑えられる。

　表3-1に、タンパク質の分解によって発生するにおい物質の一例を示す。生体に関わるタンパク質は、限定された20種類のアミノ酸同士が遺伝子情報に基づき、アミド結合（ペプチド結合）を形成することによってできあがっている。したがって、これらのアミノ酸の分子構造を理解すると、発生するであろうにおい物質を予想できる。

　20種類のアミノ酸の中で、**図3-6**のとおり、システインとメチオニンだけがイオウ原子を含むため、含硫アミノ酸と呼ばれる。図3-6に、これら2種類の含硫アミノ酸が分解して発生すると思われるにおい物質について示した。

　脂質・皮脂（脂肪酸類）類が分解して発生するにおい物質としては、低級アルデヒド類、低級脂肪酸類があげられる。特にアルデヒド類としては、飽和または不飽和のC8、C9、C10類の発生が確認されている。

　表3-2に飽和および不飽和脂肪酸の一覧を示した。表3-2中にあるC18の不飽和脂肪酸（リノール酸、リノレン酸）は、飽和脂肪酸に比べ

第3章　不快なにおいの種類と基準値

タンパク質 —分解→ 含硫アミノ酸（アミノ酸）

・システイン
　　　H S-CH$_2$-CH(NH$_2$)-COOH
　　　　（イオウ）

・メチオニン
　　　CH$_3$- S -(CH$_2$)$_2$-CH(NH$_2$)-COOH
　　　　　　（イオウ）

細菌による含硫アミノ酸の分解物

・硫化水素、メチルメルカプタン、硫化メチル
・アンモニア
・低級脂肪酸（酢酸、プロピオン酸、酪酸）

図3-6　含硫アミノ酸の分解物

表3-2　飽和脂肪酸および不飽和脂肪酸

炭素数	慣用名	IUPAC名	化学式
1	ギ酸	メタン酸	HCOOH
2	酢酸	エタン酸	CH$_3$COOH
3	プロピオン酸	プロパン酸	CH$_3$CH$_2$COOH
4	酪酸	ブタン酸	CH$_3$(CH$_2$)$_2$COOH
5	吉草酸	ペンタン酸	CH$_3$(CH$_2$)$_3$COOH
6	カプロン酸	ヘキサン酸	CH$_3$(CH$_2$)$_4$COOH
7	エナント酸	ヘプタン酸	CH$_3$(CH$_2$)$_5$COOH
8	カプリル酸	オクタン酸	CH$_3$(CH$_2$)$_6$COOH
9	ペラルゴン酸	ノナン酸	CH$_3$(CH$_2$)$_7$COOH
10	カプリン酸	デカン酸	CH$_3$(CH$_2$)$_8$COOH
12	ラウリン酸	ドデカン酸	CH$_3$(CH$_2$)$_{10}$COOH
16	パルミチン酸	ヘキサデカン酸	CH$_3$(CH$_2$)$_{14}$COOH
18	ステアリン酸	オクタデカン酸	CH$_3$(CH$_2$)$_{16}$COOH
18	オレイン酸	C=C結合1個	C$_{18}$H$_{34}$O$_2$
18	リノール酸	C=C結合2個	C$_{18}$H$_{32}$O$_2$
18	リノレン酸	C=C結合3個	C$_{18}$H$_{30}$O$_2$

・「高齢臭、おやじ臭」などといわれた
脂臭く、少し青臭いと表現される（2001年 資生堂）

＊水不溶性物質である！

$$HOOC(CH_2)_7CH=CH(CH_2)_5CH_3$$

皮脂中に含まれる不飽和脂肪酸：**トランス-9-ヘキサデセン酸**

（無臭）

皮膚常在菌による
酸化分解反応

↓

トランス-2-ノネナール（アルデヒド化合物）

$$CH_3(CH_2)_5CH=CHCHO$$

＊水不溶性物質である！

※加齢臭の発生時期の変化
男性：40代前後、女性：50代〜 ⇒ 現在、20代〜30代

図3-7 加齢臭の産生メカニズム

て酸化反応を受けやすい。したがって、酸化分解物として低級脂肪酸、低級アルデヒドなどが産生する。

図3-7に、先に述べた加齢臭（体臭）の産生メカニズムを示した。図3-7中に示されているトランス-9-ヘキサデセン酸（分子量：254）は、無臭に近い皮脂である。しかし、皮脂腺から分泌されると、皮膚常在菌によって酸化分解され、加齢臭の主成分であるトランス-2-ノネナールを産生する。

なお、一般的な皮膚常在菌としてタンパク質に作用する細菌は、ブドウ球菌で窒素系およびイオウ系のにおいを産生する。また、脂肪分へ作用する細菌は、連鎖球菌・シュードモナス菌（緑膿菌）で、前述したトランス-2-ノネナールの産生にかかわってくる。

（2）燃焼、加熱によるにおいの発生

　調理によって発生するにおい物質について考える。例えば焼き肉、焼き魚、カレー、天ぷら・フライ、炒め物などを作っている場合、100℃〜180℃に食材、調味料、スパイスなどが加熱されることで熱分解および酸化反応が進行し、においが発生する場合がある。

　調理時に発生するにおい物質は、低級脂肪酸類としてペンタン酸、ヘキサン酸、ヘプタン酸など、アルデヒド類としてアセトアルデヒド、4-メチルペンタ-2-オン、ヘキサナール、ヘプタ-2,4-ジエナール、フルフラールなどがあげられる。食材として多用されるニンニクは、そもそもそれ自体がにおうわけではない。ニンニクは傷つけられると、ニンニク中に含まれる含硫アミノ酸であるアリインと、細胞内酵素とが反応しアリシンという揮発性の生理活性物質ができる。これは極めて不安定で、ただちにジアリルスルフィド、ジアリルジスルフィド、二硫化メチルなどに転換され、独特のニンニク臭を形成する。

　燃焼によるにおいの発生の代表として、たばこ臭がある。たばこの火玉部では800℃以上という過酷な燃焼・酸化反応が生起し、反応生成物は複雑になる。たばこの煙は、ガス状物質と粒子状物質からなり、その化学物質はわかっているだけで4,000種類以上に及ぶといわれている。ガス状物質には、一酸化炭素、二酸化炭素、窒素酸化物、アンモニア、硫黄化合物、炭化水素、アルデヒド類、ケトン類などが主に含まれている。粒子状物質は水、ニコチンおよびタールなどからなる。

　たばこの煙は主流煙（肺の中に吸入される煙、1次喫煙）と副流煙（火のついた先端から立ち上る煙、2次喫煙）に分けられる。におい物質は主流煙より副流煙のほうが多く含まれている。また、副流煙と呼出煙（喫煙者が吐き出した煙）を合わせて環境たばこ煙（environmental tobacco smoke：ETS）と呼び、周囲の非喫煙者にも影響を与える。周囲の非喫煙者が環境たばこ煙を吸入することを、受動喫煙と呼び、受動喫煙は、2次喫煙ともいわれている。

さらにたばこ臭は、におい分子としてだけでなく、タール等の粒子状物質に付着・吸収されて漂い、壁、天井、家具、カーテンなどに付着し、再度におい物質を放出する（3次喫煙）。このように、たばこ臭に関しては、環境たばこ煙による臭気、付着臭の再放出臭気についても考慮が必要である。

3-2 悪臭防止法の概要

においの基準値が示されているものとして、屋外のにおいを規制した悪臭防止法がある。本節では、臭気対策を施す際に必要な基準値を中心に、悪臭防止法について紹介する[10]。

3-2-1 法律が制定された背景

戦後、日本の経済は著しい発展を遂げた。そのような中、立て続けに

表3-3 四大公害病

病名	地域	原因	症状
イタイイタイ病 （1910年頃）	富山県神通川流域	カドミウム （水質汚濁）	骨軟化症 腎機能障害
水俣病 （1953年頃）	熊本県水俣市不知火海沿岸	メチル水銀化合物 （水質汚濁）	手足の震え 感覚障害 神経障害 ほか
四日市ぜんそく （1959年頃）	三重県四日市市	イオウ酸化物 （大気汚染）、 チッソ酸化物	気管支炎 気管支ぜんそく 呼吸器疾患 肺気腫
新潟水俣病 （1965年頃）	新潟県阿賀野川流域	メチル水銀化合物 （水質汚濁）	手足の震え 感覚障害 神経障害 ほか

起こったのが公害問題であった。世界的にも有名なのは**表3-3**の四大公害病である。公害問題が起こり出した頃、さまざまな法律の整備が進められた。

　基本となった法律が、1967（昭和42）年に制定された「公害対策基本法」である。なお、本基本法は1993（平成5）年に「環境基本法」が制定されたことで役目を終えた。その間に環境に関連するさまざまな法整備が進められ、それらは一括されて典型七公害と呼ばれて現在に至っている。詳細を**表3-4**に示す。

　典型七公害の中で、悪臭防止法は1971（昭和46）年に制定された。悪臭に関する苦情件数は相当昔から多かったようであるが、残念ながら統計データは1970（昭和45）年からのものしか存在しない。

　統計が取られている1971（昭和46）年からの悪臭苦情件数の推移をみると、1993（平成5）年度まで苦情件数は減少傾向を示したが、1994（平成6）年度からは増加に転じた。大きな要因は、野外焼却に対する苦情が激増したことによる。これまでの最低件数は、1993（平成5）年度の9,972件、最大件数は2003（平成15）年度の24,567件である。直近の2016（平成28）年度は、12,624件であった。

　制定に至るまでには紆余曲折があった。それは、悪臭は人に不快感をもたらすが健康被害にまでは至らないであろうということ、においに対

表3-4 典型七公害

対象現象	法　律　名	西暦（元号）
地盤沈下	工業用水法	1956（昭和31）年
大気汚染	大気汚染防止法	1968（昭和43）年
騒　音	騒音規制法	1968（昭和43）年
水質汚濁	水質汚濁防止法	1970（昭和45）年
土壌汚染	農用地の土壌の汚染防止等に関する法律	1970（昭和45）年
悪　臭	悪臭防止法	1971（昭和46）年
振　動	振動規制法	1976（昭和51）年

しては順応がみられること、においの感じ方には個人差が大きく客観性に欠けること、におい物質の機器分析技術が遅れていたこと、大気汚染防止法、水質汚染防止法、清掃法、へい獣処理場法などの法律によって対処すべきであることなど、さまざまな意見があったためである。

しかし、1965（昭和40）年以降悪臭に関する苦情・陳情はますます多くなり、全国的な広がりをみせた。その背景には、悪臭発生工場の大型化・分散化、居住地域のスプロール化（都市部から郊外へとドーナッツ状に広がる現象）による畜産業者との接近化、さらに国民生活水準の向上による環境の質的向上に対する要求の高まりなどがあった。

3-2-2　悪臭防止法の制定

（1）制定時の測定方法

悪臭防止法を制定するに当たって、厚生省（現 厚生労働省）は規制措置を講ずるために、悪臭公害研究会（会長：高木貞敬群馬大学教授（当時））が中心となり悪臭の人体への影響、および分析法（測定法）などについて検討した。このとき、最大の問題点は測定法であった。

においの測定方法としては、官能試験法（嗅覚測定法）と機器分析法の2種類がある。前者はヒトの嗅覚によって判定するもので個人差などがあり、ともすれば客観性に欠ける部分がある。後者はガスクロマトグラフなどの機器を使用するもので客観性には勝るが、ヒトの嗅覚感度には到底及ばないものである。さまざまな検討の結果、悪臭防止法では機器分析法、すなわちにおいの物質濃度法が採用された。その理由は以下の6項目のとおりであった。

①機器分析法は、最初ににおい物質濃度と感覚強度との相関性をヒトの嗅覚で把握した6段階臭気強度表示法を基礎としている。したがって、ガスクロマトグラフなどで求められるデータは、嗅覚測定法としての臭気強度の値に置き換えて考えることができ、ただちに規制基準

74

遵守の有無などを判断できる利点を有している。

②悪臭となるおもな物質類の規制基準値を、1年以内に設定できる。

③悪臭が公害問題となるのは、原因物質の検知閾値付近ではなく、その数十倍～数百倍の濃さであるため、それらを測定する分析技術は有している。

④機器分析ではにおい物質名を特定でき、そこから発生原因を容易に特定できる。さらに特定された事業場において、どこの工程から発生しているのかを明らかにできる。

⑤常時規制はヒトの嗅覚測定では不可能であるが、機器測定法では可能となる。

⑥問題になっている特定の悪臭物質に対する排出防止施設を設置することで、排出中に存在する他のにおい物質に対しての除去効果が十分期待できる。

以上の理由から機器分析法が採用されたが、このとき、同時に以下の問題点が指摘された。

①悪臭の分析測定法は未確立であり、現段階においては嗅覚測定法を採用するほうが、信頼度が高い。

②悪臭の前駆物質、成分相互の関係、不明確成分、超微量物質など、未解明の問題がある。

③悪臭の成分と感覚量との関係はいまだ解明されていない。

④主たる成分を除去しても、悪臭公害の完全な防止にはつながらない。

これらの問題点は、今後の課題として残された。

（2）制定までの経緯と変遷

1970（昭和45）年、政府中央公害対策本部（当時厚生省管轄）は、同年11月開催の第64回臨時国会（公害国会ともいわれている）に悪臭防止法案提出を進めていたが、会期期限の問題で見送られた。この時の

法案内容の特色は、規制地域、規制基準の設定は市町村が条例で行い、改善命令の発動も市町村長が行うものとされていた。

1971（昭和46）年第65回通常国会において可決され、悪臭防止法として6月1日に公布された。この時点で悪臭防止行政は、市町村ではなく都道府県知事に対する国の機関委任事務となった。理由としてあげられた事項は、当時の悪臭防止技術の普及程度、悪臭測定の高度の技術、市町村の行財政能力状況を鑑み、市町村に対する負荷が大き過ぎるなどであった。

公布後からのほぼ1年間をかけて、悪臭防止法に関する施行令・施行規則および悪臭物質の測定方法等が公布され、1972（昭和47）年5月31日から施行された。なお、1971（昭和46）年7月に環境庁が設置された。

特定悪臭物質は施行時の5物質から、逐次追加指定され、現在では22物質になっている。特定悪臭物質の指定・追加変遷を**図3-8**に示す。また、悪臭防止法は1972（昭和47）年に施行されてから、3回にわたって一部改正が成されている。それらの変遷を**図3-9**にまとめて示す。

測定法（規制法）は悪臭防止法が施行されてから1994（平成6）年度までは機器分析法（物質濃度規制）、1995（平成7）年度から現在までは機器分析法と官能試験法（嗅覚測定法：臭気指数規制）のどちらかを採用することになっている。いずれの場合にも第4章で示す6段階臭気強度尺度が規制の指標である。臭気強度2.5、3.0、3.5に対応するにおい物質濃度、または臭気指数（においをヒトの嗅覚を用いて三点比較式臭袋法で測定するもの）が敷地境界線の規制基準として定められている。**表3-5**に、臭気強度2.5、3.0、3.5に対応する特定悪臭物質濃度を示す。また、**表3-6**に、臭気強度2.5、3.0、3.5に対応する臭気指数の範囲を示す。

▌3-2-3　悪臭防止法を読み解く

悪臭防止法は、全30条から成り立っており、第1条に目的、第2条に

第3章 不快なにおいの種類と基準値

特定悪臭物質の指定

●1972(昭和47)年

 5物質

1．アンモニア
2．メチルメルカプタン
3．硫化水素
4．硫化メチル
5．トリメチルアミン

悪臭公害の実態の究明、測定方法に関する研究開発の進展に応じて、逐次、悪臭物質として追加指定していく必要がある

特定悪臭物質の追加指定

●1976(昭和51)年

3物質

6．二硫化メチル
7．アセトアルデヒド
8．スチレン

合計8物質

●1989(平成元)年

 4物質
(低級脂肪酸類)

9．プロピオン酸
10．ノルマル酪酸
11．ノルマル吉草酸
12．イソ吉草酸

合計12物質

●1993(平成5)年

 10物質

溶剤
13．トルエン
14．キシレン
15．酢酸エチル
16．メチルイソブチルケトン
17．イソブタノール

低級アルデヒド類
18．プロピオンアルデヒド
19．ノルマルブチルアルデヒド
20．イソブチルアルデヒド
21．ノルマルバレルアルデヒド
22．イソバレルアルデヒド

合計22物質

図3-8　特定悪臭物質の指定・追加変遷

77

1. 1971（昭和46）年 悪臭防止法公布

1972（昭和47）年 悪臭防止法施行
機器分析法の採用

2. 1995（平成7）年 悪臭防止法の一部改正

〈理由〉・機器分析法の限界と、22物質だけの規制では苦情に対応できない
　　　　・国民の日常生活伴う悪臭苦情の増加
1996（平成8）年 悪臭防止法の一部改正施行
嗅覚測定法の導入

3. 2000（平成12）年 悪臭防止法の一部改正

〈理由〉・事故時における発生悪臭への対応措置の強化
　　　　・臭気指数等の測定業務に従事する者に関する制度の法律化
2001（平成13）年 悪臭防止法の一部改正施行
臭気判定士制度の導入

4. 2011（平成23）年 悪臭防止法の一部改正

〈理由〉・地方分権改革の一環
2012（平成24）年 悪臭防止法の一部改正施行
規制地域の指定、規制基準の設定について、市の区域内の地域については、
市長に権限が移譲

図3-9 悪臭防止法の変更点と変更理由

定義が記述されている。本法律は、屋内ではなくあくまで屋外環境に適用され、環境省の管理下に該当する。以下に第1条および第2条の原文を記載する。

〈悪臭防止法条文〉

第1条（目的）

　「この法律は、工場その他の事業場における事業活動に伴って発生する悪臭について必要な規制を行い、その他悪臭防止策を推進することにより、生活環境を保全し、国民の健康の保護に資することを目的とする。」

第3章　不快なにおいの種類と基準値

表3-5 臭気強度と特定悪臭物質濃度の関係（単位：ppm）

物質名 ＼ 臭気強度	2.5	3.0	3.5
アンモニア	1	2	5
メチルメルカプタン	0.002	0.004	0.01
硫化水素	0.02	0.06	0.2
硫化メチル	0.01	0.05	0.2
二硫化メチル	0.009	0.03	0.1
トリメチルアミン	0.005	0.02	0.07
アセトアルデヒド	0.05	0.1	0.5
プロピオンアルデヒド	0.05	0.1	0.5
n-ブチルアルデヒド	0.009	0.03	0.08
イソブチルアルデヒド	0.02	0.07	0.2
n-バレルアルデヒド	0.009	0.02	0.05
イソバレルアルデヒド	0.003	0.006	0.01
イソブタノール	0.9	4	2×10
酢酸エチル	3	7	2×10
メチルイソブチルケトン	1	3	6
トルエン	1×10	3×10	6×10
スチレン	0.4	0.8	2
キシレン	1	2	5
プロピオン酸	0.03	0.07	0.2
n-酪酸	0.001	0.002	0.006
n-吉草酸	0.0009	0.002	0.004
イソ吉草酸	0.001	0.004	0.01

表3-6 臭気強度と臭気指数との関係

臭気強度	臭気指数の範囲
2.5	10～15
3.0	12～18
3.5	14～21

以下、第1条について簡易的に説明する。

「悪臭」とは、いやなにおい、不快なにおいの総称である。「工場その他の事業場」とは固定発生源を指しており、建設工事、浚渫（しゅんせつ）、埋立てなどの一時的に設置されるものは非該当、さらに移動発生源である自動車（ゴミ収集車）、船舶、航空機なども非該当になる。また、宿泊施設、病院、学校、デパート、食事施設、ケーキ屋、コンビニアンスストアなどは該当する。

「国民の健康の保護に資する」とは、本法はあくまで生活環境の保全であり、健康被害に対し積極的に関与しようとするものではない。なぜなら、悪臭から生活環境が保全されていれば健康被害は発生しないと考えられるからである。また、「生活環境が保全」されているということは、日常生活を送るうえで、大気の清浄さが保たれ悪臭を感知しない状態を指している。

第2条（定義）

「この法律において「特定悪臭物質」とは、アンモニア、メチルメルカプタンその他の不快なにおいの原因となり、生活環境を損なうおそれのある物質であって政令で定めるものをいう。

2　この法律において「臭気指数」とは、気体又は水に係る悪臭の程度に関する値であって、環境省令で定めるところにより、人間の嗅覚でその臭気を感知することができなくなるまで気体又は水の希釈をした場合におけるその希釈の倍数を基礎として算定されるものをいう。」

以下、第2条について簡易的に説明する。

本条は、悪臭防止法が排出規制の対象とする特定悪臭物質および臭気指数について定義したものである。当初の規制は、特定悪臭物質の排出濃度であったが、悪臭苦情件数の減少傾向には限界がきていた。一番の原因は、工場・事業場から排出される悪臭の原因となる物質が多種多様で、物質ごとでは排出規制を下回っていても苦情は収束されないという

現実があった。

におい物質の特徴として、単一では容認できるが、複数種すなわち"複合臭"になるとにおいの強度、不快性が相加・相乗され容認できない状態になる傾向がある。この現実に対処するには、人間の嗅覚すなわち官能試験法（嗅覚測定法）による判定が最も適当であり、しかも官能法は、臭気によるヒトへの被害感に一致しやすいという利点がある。米国、ヨーロッパ諸国においても嗅覚測定法が、悪臭規制等の測定手法として広く採用されているという実態もある。

第3条から第13条には「規制」というくくりで、以下の条文が記述されている。

第3条：規制地域
第4条：規制基準

図3-10に規制地域、規制基準に関しての概観を示す。

また、6段階臭気強度表示法、および9段階快・不快度表示法（第4章参照）についての説明がなされている。

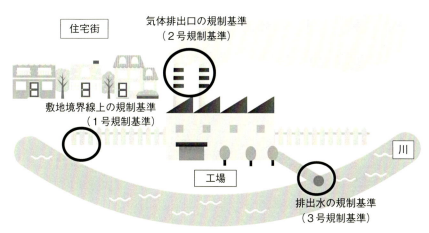

図3-10 規制地域および規制基準

第5条：市町村長の意見の聴取
第6条：規制地域の指定等の公示
第7条：規制基準の遵守義務
第8条：改善勧告及び改善命令
第9条：都道府県知事に対する要請
第10条：事故時の措置
第11条：悪臭の測定
第12条：測定の委託

　2000（平成12）年度以前は、臭気指数等の測定を行なう者を「臭気判定士」と規定されていたが、2000（平成12）年度の法改正で「臭気測定業務従事者」とされた。

第13条：臭気指数等に係る測定の業務に従事する者に係る試験等

　国家資格である「臭気判定士試験」に係る重要事項、および試験を行う機関に関する重要事項を記述している。
　第14条から第19条には、「悪臭防止対策の推進」というくくりで、以下の条文が記述されている。

第14条：国民の責務

　日常生活に伴って発生する悪臭については、国民一人一人が注意することが重要で、さらに国または地方公共団体が行う悪臭防止策に協力しなければならないとされている。1995（平成7）年の悪臭防止法の一部改正で新たに規定された。

第15条：悪臭が生ずる物の焼却の禁止
「何人も、住居が集合している地域においては、みだりに、ゴム、皮

革、合成樹脂、廃油その他の燃焼に伴って悪臭が生ずる物を野外で多量に焼却してはならない。」

第16条：水路等における悪臭の防止
第17条：国及び地方公共団体の責務

第14条とともに1995（平成7）年に新たに規定された。

第18条：国の援助
第19条：研究の推進

第20条から第23条には「雑則」というくくりで、以下の条文が記述されている。

第20条：報告及び検査
第21条：関係行政機関等の協力
第22条：経過措置
第23条：条例との関係

第24条から第30条には「罰則」というくくりで、7つの条文が記述されている。

罰則としては、業務違反に対する制裁として懲役または罰金を科せられる。また、悪臭防止に係る人に対して、違反すると刑罰が科せられるという抑止効果も期待しての条文である。図3-11に悪臭防止法の体系図を示した。この体系図は大きく「悪臭防止法による規制」と「悪臭防止対策の推進」に分類される。

ここではさらに、規制についての一連の流れを簡略化して説明する。

1）規制対象：規制地域内のすべての工場・事業所が対象となる都道府県知事、政令指定都市、中核市、特例市、および特別区の長（以下、

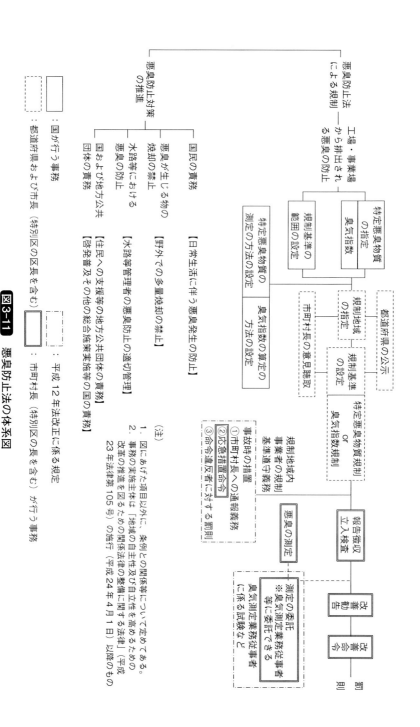

図3-11 悪臭防止法の体系図

"都道府県知事等" と記述する）が指定する。

2）規制基準：①特定悪臭物質（現在22物質が指定）の濃度、または②臭気指数（嗅覚を用いた測定法による基準）。

都道府県知事等が①または②のどちらかの規制手法により、1号規制基準、2号規制基準、3号規制基準を定める。

3）規制：改善勧告、改善命令はともに市町村長が発動する。命令に違反した者は罰則が科せられる。

「規制基準に適合していない」＋「市区町村長が住民の生活環境が損なわれていると認める」 → 第1段階：改善勧告 → 第2段階：改善命令

以上のように、本法における規制は、敷地境界線での1号規制基準、気体排出口での2号規制基準、排出水での3号規制基準の3種類であり、規制地域内の工場・事業場はすべての基準を満たす必要がある。工場・事業場の建屋からの悪臭の漏えいなどは、敷地境界線の地表において悪臭を規制することで、近隣居住者の生活環境を保全する。これが1号規制基準に該当する。1号規制基準の敷地境界線での基準値を遵守するための規制が2号規制基準であることから、2号規制基準の考え方を把握しておくことは重要である。次項では、2号規制基準の考え方を紹介する。

3-2-4　2号規制基準の基本的な考え方

煙突など気体排出口（以下、「排出口」という）から排出された臭気を含むガス（以下、「排出ガス」という）は、徐々に拡散・希釈し、やがて地表面に着地する。2号規制基準とは、この臭気が敷地境界外の着地地点において1号規制基準以下になるために、排出口において満たさなければならない臭気の排出基準を定めたものである。2号規制基準にかかわる全体イメージを**図3-12**に示す。

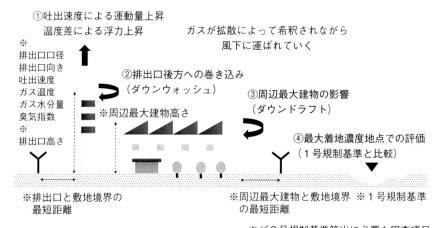

図3-12 2号規制基準の概要

　なお、図3-12中の①〜④のような現象が実際の現場ではよく起こるため、これらの影響も考慮した上で基準（臭気排出強度：OER＝臭気濃度×排ガス量（m³N/分）（0℃、1気圧））を算出する。

①吐出速度による運動量上昇と温度差による浮力上昇

　排出ガスは、排出口から排出されるときの勢い（吐出速度）による運動量を有し、まわりの空気より温度が高いことによる浮力も有している。これら2つの力により、排出ガスは排出口よりも高く上昇することになる。なお、排出ガスの運動量による上昇は、排出口が上向きのときのみを考慮している。

②排出後方への巻き込み（ダウンウォッシュ）

　図3-13のように、排出ガスの吐出速度が小さい場合、排出口風下側に形成される流れの乱れた領域に巻き込まれ、排出ガスが降下することがある。この現象をダウンウォッシュと呼ぶ。

③周辺最大建物の影響（ダウンドラフト）

　排出ガスの拡散は、周辺最大建物により影響を受ける。図3-14のとおり、①と②を考慮した排出ガスの高さが、周辺最大建物高さの2.5倍

図3-13 ダウンウォッシュの現象

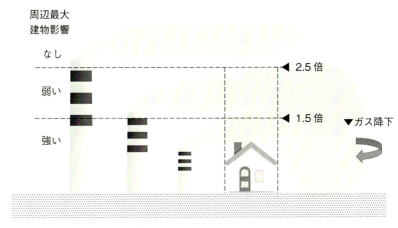

図3-14 ダウンドラフト現象

以上の場合は影響を受けずに拡散し、2.5倍未満の場合には影響を受け降下する。この現象をダウンドラフトと呼ぶ。

さらに、①と②を考慮した排出ガスの高さが周辺最大建物高さの1.5倍未満の場合には、建物背後の逆流域に巻き込まれ（強いダウンドラフト）、排出ガスは地表面付近まで降下する。

④最大着地濃度地点での評価（1号規制基準と比較）

　排出ガスは、拡散によって希釈されながら地表面に着地する。

　そこで、敷地境界外の最大着地濃度地点において1号規制基準を満たすよう、排出口での希釈度合いをシミュレーションにより計算し、2号規制基準（臭気排出強度）を設定する。

3-2-5　中小規模施設における2号規制基準の簡略化

　排出口高さが低い（高さ15m未満）中小規模の施設については、一般に臭気排出強度は小さく、周辺最大建物の影響を強く受けることから、ガス流量を測定しない簡易な方法を用いることも許容される。そこで、周辺最大建物の影響や排出口口径などを勘案し、一部の測定項目を簡略化した式で臭気指数を算出し、その値を規制基準とすることができる。概念図を図3-15に示す。

①周辺最大建物の影響（強いダウンドラフト）

　排出口の高さが15m未満の場合には、周辺最大建物の影響を強く受け、排出されたガスには強いダウンドラフトが起こり、排出口近傍で最

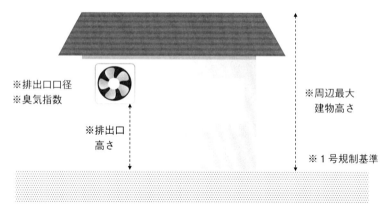

図3-15　中小規模施設における2号規制基準の考え方

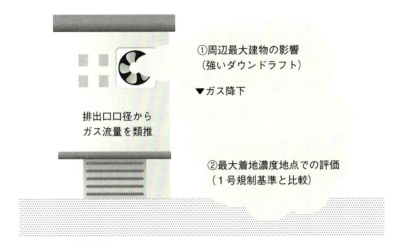

図3-16 排出している建物自体が影響している状態

大着地濃度が出現する。図3-16は、周辺最大建物が、排出している建物自体であることを表している。

ガス流量は、排出口口径と正の相関がみられることから、排出口口径の区分（60 cm未満、60 cm以上90 cm未満、90 cm以上の3種類）ごとに一定のガス流量が定められている。

②最大着地濃度地点での評価（1号規制基準と比較）

排出ガスは、周辺最大建物高さの影響を強く受けながら、排出口近傍に着地する。そこで、排出ガスが最大着地濃度地点に着地するまでの希釈度合いを希釈度として求め、1号規制基準に希釈度を加算することにより、2号規制基準（臭気指数）が設定される（図3-17）。

3-2-6　2号規制基準の算出方法

2号規制基準の算出方法は、排出口高さが15 m以上と15 m未満の場合とで異なる。排出口高さが15 m以上の場合は「算定ソフト」を用いて2号規制基準（臭気排出強度）を算出する。ただし、排出口高さが周

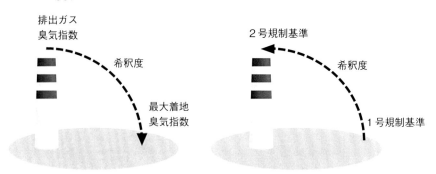

図3-17 最大着地濃度地点での評価

辺最大建物高さの1.5倍未満の場合は、強いダウンドラフトが起こることから「希釈度」を求め、2号規制基準を設定するとこもできる（便宜上、臭気指数で表示）。

一方、排出口高さが15m未満の場合は、法に基づく「計算式」や「算出ソフト」のほか、簡便に「希釈図」によっても2号規制基準を求めることができ、これらの方法を目的に応じて使い分けることが重要である。例えば、2号規制基準との適否を簡単に調べるときなどは「希釈図」が便利であるが、行政措置などで厳密に2号規制基準を計算するときは「計算式」や「算出ソフト」を用いなければならない。

利用できる希釈図は4種類用意されており[10]、排出口高さ、排出口口径などの条件によって使い分ける。希釈図を使用するときの条件別による分類一覧を**表3-7**に示す。

第3章　不快なにおいの種類と基準値

表3-7　2号規制基準の臭気指数の求め方（条件別の使用希釈図）

排出口高さ		排出口口径	使用希釈図
15m 未満	0〜6.6 m（周辺建物の影響あり）	60 cm 未満	②
		60〜90 cm 未満	③
		90 cm 以上	④
	6.7〜14.9 m（周辺建物の影響なし）	60 cm 未満	②
		60〜90 cm 未満	③
		90 cm 以上	④
15m 以上	周辺最大建物高さの1.5倍未満の排出口に限る		①

（注）使用希釈図は環境省HP[10]を参照

3-3 室内のにおいの基準値を知る

　1990〜2000年ごろに室内空気環境の問題としてシックハウスが大きな社会問題となり、そのころからより一層、室内の空気質、においに対する関心が高まったことは先に述べたとおりである。そのような中、室内におけるにおいを適切に管理し、良質な室内環境を保持することを目指して、日本建築学会において「室内の臭気に関する対策・維持管理規準」が提案された[11]。法的規制があるものではないが、室内において良好な環境を維持管理するための目標値となるものである。

　室内の臭気対策としては、主として「臭気の発生源管理」「換気」「消・脱臭」「感覚的消臭」が用いられる（詳細は第5章参照）。いずれの対策を用いる場合でも臭気基準値以下に制御することを目指すことになる。日本建築学会の臭気規準によると、室内の臭気対策の目標となる臭気基準値は、非容認率（2段階の容認性評価による「受け入れられな

91

い」割合）20％の値である。諸外国の室内空気質の考え方として、「順応していない評価パネルの少なくとも80％がその空気を不快でないとみなす場合」や、「不満足者数20％」を汚染物質がない空気質の限界としていることなどが、非容認率20％に決定した背景にある。

日本建築学会の室内臭気規準で示されている室内の代表的な臭気の基準値は、**図3-18**に示すとおり[12]、トイレ臭は臭気濃度5、生ごみ臭は7、たばこ臭は5である。いずれも臭気濃度10以下の低濃度である。

最近行われた、たばこ臭の基準値に関する研究において、臭気基準値は容認性の評価に基づいているため、個人差があることが示されている。喫煙者と非喫煙者各60名のパネルのたばこ臭の各臭気濃度に対する非容認率を比較すると、喫煙者と非喫煙者では、たばこ臭の臭気濃度

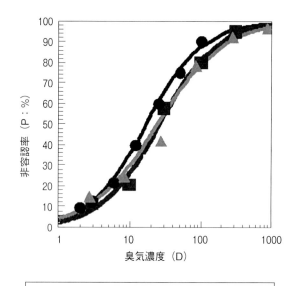

●トイレ臭　　$\ln\{P/(100-P)\} = 2.56\log D - 3.13$
■生ごみ臭　　$\ln\{P/(100-P)\} = 2.74\log D - 3.68$
▲たばこ臭　　$\ln\{P/(100-P)\} = 2.17\log D - 2.98$

図3-18　室内の主要な臭気であるトイレ臭、生ごみ臭、たばこ臭の臭気濃度と非容認率の関係

10のときの非容認率が20〜30％異なっており、非喫煙者のほうが高い[13]。このことから、基準値となる非容認率20％のときの臭気濃度が異なることが推察される。喫煙者はたばこ臭に対する慣れがあり、臭気基準値が高くなる傾向にある。

　臭気基準値は室内の臭気対策を行う上での指針であり、適切な対策を実行するためには、基準値を求めるために採用したパネル（嗅覚パネル選定試験に合格したにおいを評価する人）の属性と、対策を実施する空間を使用する人の属性が合致していることが望ましい。本来は、対策を講じる空間の特性と対象となる人の属性を考慮した上で、基準値を設定する必要があるといえる。

　しかし、においの快・不快度や容認性の個人差については、知見が少ないことから、日本建築学会の室内臭気規準においても、パネルの属性を明記する必要性を示しているものの、どのような属性のパネルを用いて基準値を求めるのか、などの詳細な記載は現在のところなされていない。今後、データが蓄積され、空間の使用者の属性や建物の特徴に応じた基準値が示されることを期待したい。

コラム

お香〈蘭奢待〉

　2011年10月に開催された第63回正倉院展において、14年ぶりに“蘭奢待”が公開された。正式名称を黄熟香、東大寺正倉院に所蔵されている。香木には2種類あり、①沈水香木（沈水、沈香）と②檀香木に分けられる。前者で有名な香木は伽羅（沈香の最高位とも称される）、後者では白檀である。蘭奢待は伽羅に属するといわれる。さらに蘭奢待の3文字をよく見ると、欄⇒東、奢⇒大、待⇒寺、すなわち“蘭奢待⇒東大寺”という関係を示す文字が隠されていることは有名である。

　沈水香木とは、樹木そのものではなく、物理的・微生物的な要因によって樹脂分が沈積（沈着）し、長い年月をかけて熟成されて出来上がった物であり人工的な再現は不可能とされる。

　日本書紀に、推古天皇時代（590年代）に淡路島に沈水が漂着したことが記述されている。島の誰もが貴重品とは知らず竈（かまど）で焚いたところ、不思議な香りが立ちこめたため宮中に献上したとされる。これが後に蘭奢待として残ったのかは、諸説があり確かではない。蘭奢待は、未だ謎を秘めた香木といえる。

第 **4** 章

においを測る・評価する

4-1 においの測定・評価法の種類

　生活環境のにおいは、多種多様な化学物質からなる複合臭である。そのようなにおいを測り、評価するために、さまざまな測定法が用いられている。主に嗅覚測定法、官能評価法など感覚的な方法とセンサーによる測定や化学物質分析などの機器測定法に大別される。生活環境のにおいの測定・評価では、対象により測定・評価方法が異なる場合がある。

　生活環境において、においを測定、評価する必要性や場面を考えると、主として次の状況があげられる。①環境のにおいの良し悪しを判断する、②悪臭対策を検討する、③対策を適用したときの効果を評価する。いずれにおいても、においの定量的な測定が求められ、客観的な数値化が必要となる。

　図4-1に、生活環境のにおいの測定に用いられる主な方法をまとめた。図4-1に示した方法のほかに、食品のにおいや芳香には、嗜好性の

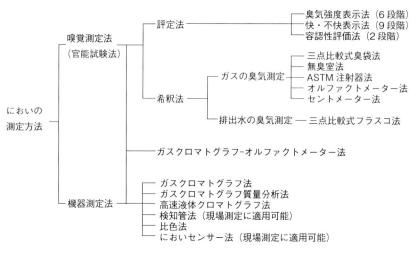

図4-1　生活環境におけるにおいの測定方法

評価も重要になるため、においの質に関係する定性的な測定を加味する必要がある。また、においの影響を脳波や血流量などの生理的変化から測定する「生体計測法」もある。

第2章でも述べたとおり、においがヒトによって知覚される感覚事象であることを考えれば、ヒトの感覚を無視することはできない。ヒトの嗅覚による測定法としては、図4-1に示すとおり、希釈法によりにおいの濃さを測る方法と、評定尺度を用いて強さや不快度を測定する方法がある。

希釈法により求められるにおいの濃さを表す指標として、「臭気濃度」という指標がある。臭気濃度は、その臭気を無臭の清浄な空気で希釈したとき、ちょうど、におわなくなったときの希釈倍数のことである。したがって臭気濃度に単位は存在しない。においの発生量や臭気対策の目標値を臭気濃度で求めると、脱臭効率や必要換気量を求めることができ、臭気対策の計画が立てやすい。臭気濃度の測定には、日本の悪臭防止法および建築学会臭気規準では、三点比較式臭袋法が採用されている。一方、ヨーロッパ基準CEN：EN13725では、においの希釈を装置によって自動で行い、濃度調整したにおいを送気して評価者（パネル）に評価させる、いわゆる動的方法とされるオルファクトメーター法が採用されている。

評定法で求められる指標としては、においの強さを数値化する臭気強度、においの快・不快の程度を数値化する快・不快度が主なものである。臭気強度、快・不快度については、対象とするにおいに応じてさまざまな尺度が国内外で用いられているが、悪臭防止法、日本建築学会臭気規準などでは6段階の臭気強度尺度と、9段階の快・不快度尺度が採用されている。また、においの良し悪し、臭気対策の効果などにおいを総合的に判断する方法として容認性がある。

図4-1の機器測定法の中で、現地での測定に適しているのは検知管法とにおいセンサー法である。においセンサーとして現在市販されているのは、主に小型・軽量な半導体センサーであり、現地での連続的な測定

に適している。

　また、においをガスクロマトグラフ質量分析計などで、定性定量できれば、においを構成している物質とその濃度が求められ、対策を講じる際などの対象物質を定めることができる。におい物質の分析においては、ヒトのにおい物質に対する感度を把握し、本来は、それに対応する感度を機器が有する必要がある。

4-2 ヒトの嗅覚で測る

4-2-1 嗅覚測定法における臭気試料取扱いの注意点と試験室の環境

　ヒトの嗅覚による測定を実施する場合には、におい試料の安全性が確認されていることが前提である。また、試験に参加してもらうヒト（パネル）には、事前に試験内容、注意事項などを伝え、了承を得た上で参加してもらわなければならない。

　ヒトの嗅感覚は、さまざまな環境要因によって変動しうるためにおいの定量化には慎重を要する。また、いずれの測定方法を用いる場合でも、においの種類によっては、比較的速くにおい成分が変化する場合や、採取したにおい試料が採取用袋などに吸着し、ガス濃度が変化することが考えられる。そのため、試料の採取から運搬、分析までの保管には充分に注意を払う必要がある。悪臭防止法の測定方法では、判定試験の実施期間は試料を採取した日またはその翌日の、できる限り早い時期に行うものとすることが明記されている[1]。

　測定を安全かつ正確に行うため、試料採取から判定試験に至るまでの安全管理をオペレーターが担うことになる。オペレーターは事前にオペレーターやパネルが有害物質に暴露されないように、嗅ぐことができる

許容濃度を確認しておく必要がある。

　次に、試験室であるが、試験室は一定の無臭性が保たれていることが原則であり、換気と清掃により清潔に保たなければならない。また、パネルが落ち着いて試験に集中できるよう、オペレーターはパネルが試料を嗅ぎ評価する部屋の雰囲気と環境づくりにつとめる必要がある。さらにパネルの衣類や頭髪からのにおいによって、他のパネルの判定に影響が及ぶことがあるため、パネルには試験に参加する際に事前に注意点を説明しておくとよい。

4-2-2　嗅覚パネルの条件

（1）パネル選定の必要性

　パネルとは、実際に、においを嗅いでにおいの有無を判定するヒトのことをいう。すなわち、嗅覚測定法において、嗅覚を用いてにおいの有無やにおいの質を判定する者のことである。したがって、パネルが、嗅覚の減退（通常よりにおいを弱く感じる状態）、嗅覚の脱失（まったくにおいがわからない、においを嗅ぎ分けることができない状態）、嗅盲（特定のにおいがわからない、嗅ぐことができない状態）、あるいは逆に嗅覚の過敏などの異常があると、においの有無を通常のように判定ができないことになる。

　そのためパネルの選定においては、T&Tオルファクトメーター試薬を用いた試験に合格し、においの判定を行うのに適した嗅覚を有すると認められた者を充てることとされている。三点比較式臭袋法のパネルは6名以上必要であり、一般的には判定試験に参加するパネルの平均年齢が65歳を上回らないように努める。なお、オペレーターも同様のパネル選定試験に合格していることが望ましく、臭気判定士となる場合にはパネル選定試験の合格が必須である。

(2) パネル選定試験

パネル選定試験の試薬としては、**表4-1**に示す5種類のにおい物質と濃度が基準臭として指定されている。においの質については、Aは「花のにおい」「バラのにおい」、Bは「甘い焦げ臭」、Cは「むれた靴下のにおい」「腐敗臭」、Dは「熟した果実臭」「桃のにおい」、Eは「かび臭いにおい」「糞臭」といわれている。

表4-1の基準臭を用いて、5本のにおい紙の中から、においの付いた2

表4-1 パネル選定用の5基準臭

	基準臭	濃度（w/w）	分子式
A	β-フェニルエチルアルコール	$10^{-4.0}$	$C_8H_{10}O$
B	メチルシクロペンテノロン	$10^{-4.5}$	$C_6H_8O_2$
C	イソ吉草酸	$10^{-5.0}$	$C_5H_{10}O_2$
D	γ-ウンデカラクトン	$10^{-4.5}$	$C_{11}H_{20}O_2$
E	スカトール	$10^{-5.0}$	C_9H_9N

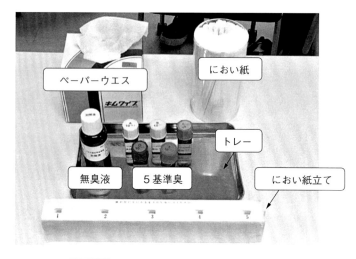

図4-2 パネル選定試験に用いられる器具

本のにおい紙を選び出すという「5-2法」によって、試験が行われる。
試験に必要な器具を**図4-2**に示す。

　試験におけるオペレーターの手順と合否判定方法は**図4-3**に示すとおりである。試験前に、オペレーターの手元が見えないように、パネル候補者が座る椅子と机、オペレーターが使用する器具を配置し、オペレーターはにおい紙に1〜5までの番号を記入し、準備する。

4-2-3　においの濃さの測定方法（希釈法）

（1）三点比較式臭袋法

①臭気濃度、臭気指数

　悪臭防止法[1]において規定されており、臭気指数規制がなされている現場では、自治体の依頼を受け、臭気判定士（臭気測定業務従事者）が三点比較式臭袋法を用いて測定し、臭気指数（臭気濃度の常用対数に10を乗じた値）を算出することになっている。

　においの濃さを表す指標である、臭気指数、臭気濃度の関係を述べる。臭気指数は、臭気濃度に対して、次のように変換した尺度である。

$$臭気指数 = 10 \times \log（臭気濃度） \qquad (4\text{-}1式)$$

　臭気指数は、規制基準に対応するため、臭気濃度よりヒトの感覚量に対応した尺度となっている。すなわち、臭気濃度と臭気指数の関係は、臭気濃度10のとき臭気指数10、臭気濃度100のとき臭気指数20、臭気濃度1000のとき臭気指数30となる。

②気体排出口における判定試験

　三点比較式臭袋法を用いた測定には、悪臭防止法1号規制基準（敷地境界線における規制基準）、2号規制基準（気体排出口における規制基準）があるが、日本建築学会臭気規準でも用いられている2号規制基準

① 付臭する番号を記録用紙に記録する

②-1 におい紙3本に無臭液を付ける　｝順番厳守
②-2 におい紙2本に基準臭を付ける

右図のように5本1セットにする

③ ②のにおい紙5本をパネル候補者に渡す

④ パネル候補者が嗅ぎ終わるまで静かに待つ

⑤ パネル候補者が嗅ぎ終わったら、におい紙の回収と同時に回答の記録・正誤の確認を行う

⑥ 使用済みのにおい紙をにおいが室内へ広がらないように密閉容器・袋へ入れる

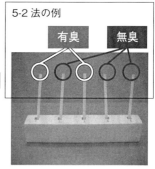

5-2法の例

有臭　無臭

試薬が変わるごとに、①～⑥を繰り返す

⑦ 結果の判定を行う

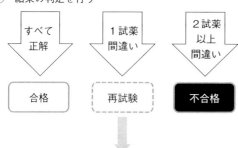

すべて正解 → 合格
1試薬間違い → 再試験
2試薬以上間違い → 不合格

間違えた基準臭で①～⑥を2回行う

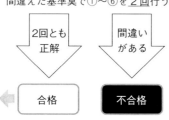

2回とも正解 → 合格 → パネルに適した嗅覚を有する
間違いがある → 不合格

図4-3 パネル選定試験におけるオペレーターの手順と合否判定方法

の手順について解説する[1] [2]。

　生活環境のにおいには低濃度でも不快に感じるものが多く、低濃度臭気の測定を必要とする。臭気濃度は、その臭気を無臭の清浄な空気で希釈したとき、ちょうど、におわなくなったときの希釈倍数であるため、脱臭効率や必要換気量を求める際には有効である。臭気濃度は通常の方法では10（ちょうど10倍に無臭空気で希釈したときに、におわなくなるにおい）以下の測定は困難である。

　日本建築学会臭気規準によると、臭気濃度10以下の試料の場合には、採取したにおい試料を一旦濃縮（常温吸着／加熱脱着法）するか、採取量を多くして測定する必要があり、測定が複雑になる[2] [3]。なお、採取したにおい試料の濃縮の目安は6段階臭気強度で2未満としている。

　気体排出口における判定試験に用いられる三点比較式袋法の手順を**図4-4**に、試験風景を**写真4-1**に示す。

　三点比較式臭袋法とは、図4-4に示すとおり、3Lのポリエステル製バック（におい袋）の中で、一定の希釈倍数に希釈した試料をパネル（パネル選定試験合格者）が嗅いでにおいの有無を判定する方法である。三点比較という名称のとおり、無臭の袋2つと、有臭の袋1つの計3つの袋から有臭の袋1つを選び出す方法である。パネルの人数は6名以上必要とされている。

　嗅覚測定法を行うためには、さまざまな器具を用いなければならないため、オペレーターはすべての器具を正しく取り扱えなければならない。器具の中には注射針やガラス製のものなど、特に取り扱いに注意が必要なものがあり、総じて清潔さ、無臭性が求められる。安全かつ正確に測定を遂行するために、器具の確認およびメンテナンスもオペレーターの重要な作業の1つである。

③必要器具と取扱い方法

　三点比較式臭袋法に必要な器具と取扱い方法の概要を述べる。

　におい試料の採取方法別に、試料採取用器具を**表4-2**に示す。

3Lのにおい袋を3つ用意
すべて活性炭を通した清浄な空気で満たす

3つのうち1つは有臭、2つは無臭
6名以上のパネルによる評価

①パネルは3つの袋の内どの番号の袋に、臭気試料が入っているか回答する
②正解の場合、におい試料の注入量を減らし、同様の試験を行う（下降法）
③不正解になるまで試験を繰り返す

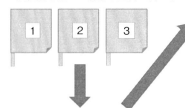

1つににおい試料を注入

においの試料の臭気指数の算出

①各パネルにおいて、正解と不正解のにおい試料の希釈倍数の対数値の平均を求める
②6名以上のパネルのうち最大値と最小値を除き、全体の平均値（x）を求める
③臭気指数＝10× から、におい試料の臭気指数を求める
（1未満の端数を四捨五入する）

図4-4 気体排出口臭気の判定試験における
三点比較式袋法と臭気指数を算出する手順

写真4-1 三点比較式臭袋法の試験風景

表4-2 におい試料採取用器具

採取方法	採取用器具
真空瓶法	内部を減圧にした真空瓶を用いるため、真空瓶、真空ポンプを必要とする
吸引瓶法	内部を減圧にし、試料採取袋を装着した吸引瓶を用いるため、吸引瓶、真空ポンプ、試料採取袋を必要とする
直接採取法	ポンプを通して試料採取用袋に直接採取するため、直接採取用ポンプ、試料採取用袋を必要とする（図4-5）
間接採取法	ポンプを用いて吸引ケース内を減圧することにより試料採取袋に試料を採取するため、吸引ケース、吸引ポンプ、試料採取用袋を必要とする

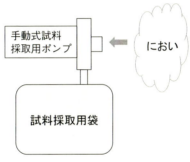

図4-5 直接採取法の概要

　試料採取用袋（サンプリングバッグ）は、ポリエステル製（または同等以上の無臭性を有するもの）で、使用前に無臭空気で十分洗浄してから試料採取に用いる。1L〜100L以上のものまで種類があり、必要十分なサイズを使用する。一般ににおいの試料採取は、発生源の時間的変動が大きく、変動のピークを捉えるために短時間（環境試料の場合は6〜30秒）で採取することが望ましい。濃度が低い試料もあるため、三点比較式臭袋法の試験を行うには、多めに採取するとよい（10L以上）。
　また、試料の種類によっては、採取後短い時間で変質したり、におい

が弱くなったりするものがあるため、判定試験は試料を採取した当日に行うことが原則である。午後または夜間の採取など、やむを得ない場合であっても、採取した翌日の午前中に行うことが望ましい。

○判定試験用器具

　器具の中には、ガラス製やアクリル製のものが多く、取り扱いには注意が必要である（**表4-3**）。特に注射針については取扱いに十分に注意する。また、測定の精度を保つため使用前には器具の無臭性を確認する必要がある。使用器具や試験室の無臭性の確認については、においの有無の判定においては特に重要である。

　におい袋を製造する装置では、活性炭やフィルタの交換にも注意を払う必要があり、使用後は、洗浄可能な器具は洗浄してから保管する。器具の洗浄には蒸留水を使用することが望ましいが、必要に応じて無香性の洗剤を使用する。

表4-3　判定試験用器具

用途	器具
無臭空気製造	空気送入用ポンプ 無臭空気供給器具（9方分配活性炭槽） 導管（ポンプと活性炭槽の接続用、テフロン製orシリコン製）
におい試料注入	注射筒（300 mL、100 mL、30 mL、10 mL、3 mL、1 mL、100 μL） 注射針
パネル評価	におい袋（3 L） シリコンゴム栓（におい袋用） 鼻当て
記録	パネル記入用紙 試料の注入量・回答の集計用紙（**図4-6**に集計用紙の例を示す）
その他	その他：におい袋運搬用カゴ、トレー、ザル（シリコンゴム栓等の洗浄用）、セロハンテープ、筆記具、ウエスなど

第4章　においを測る・評価する

臭気試料			
臭気濃度		臭気指数	
試料採取場所		判定試験の場所	
試料採取年月日		判定試験年月日	

原試料＼回数	1	2	3	4	5	6	7	8	9	
希釈倍数＼注入量	300 mL	100 mL	30 mL	10 mL	3 mL	1 mL	300 μL	100 μL	30 μL	パネル個
希釈倍数の	10	30	100	300	1000	3000	1万	3万	10万	人の閾値
パネル＼対数	1.00	1.48	2.00	2.48	3.00	3.48	4.00	4.48	5.00	（対数値）
1 付臭におい袋番号										
回答										
判定										
2 付臭におい袋番号										
回答										
判定										
3 付臭におい袋番号										
回答										
判定										
4 付臭におい袋番号										
回答										
判定										
5 付臭におい袋番号										
回答										
判定										
6 付臭におい袋番号										
回答										
判定										
パネル全体の閾値（最大と最小の値を除いた平均）										

図4-6 パネル6名の場合の集計用紙の一例

④気体排出口の試験結果に基づく臭気指数、臭気濃度の算出方法

排出口試料の臭気指数、臭気濃度は次の式より算出する[1]。パネル6名の場合を例として取り上げる。

$$X_i = \frac{\log M_{1i} + \log M_{0i}}{2} \qquad\qquad (4\text{-}2式)$$

X_i：パネルの閾値

M_{1i}：パネルが選定できた最大希釈倍数の対数値

M_{0i}：パネルが選定できなかった希釈倍数の対数値

$$X = \frac{X_1 + X_2 + X_3 + X_4}{4} \qquad\qquad (4\text{-}3式)$$

X：パネル全体の閾値（対数値）

$X_1 \sim X_4$：パネル個人の閾値

$X_1 \sim X_4$の4名については、最も希釈倍数の大きい試料を選定できたパネルと、最も希釈倍数の小さい試料を選定できなかったパネルを除く4名（総パネル6名の場合）であり、その4名の対数値の平均をパネル全体の閾値として求める。

$$Y = 10X \qquad\qquad (4\text{-}4式)$$

Y：臭気指数（1未満の端数があるときはこれを四捨五入）

$$C = 10^{\frac{Y}{10}} \qquad\qquad (4\text{-}5式)$$

C：臭気濃度

Y：4-4式より求めた臭気指数

2号規制基準では、臭気排出強度（OER：Odor Emission Rate）を求

めるが、OERは（4-5式）で求めた臭気濃度に排ガス量を乗じて求められる。つまり、OERは無臭にするために必要な清浄空気量ともいえ、発生源のにおいの強度（汚染強度）を示す指標となる。次式で求められるOERは有効数字2桁である。

$$OER = C \times Q_0 \tag{4-6式}$$

OER：臭気排出強度（m^3/min（0℃、1気圧））
C：臭気濃度
Q_0：排出ガス量（m^3/min（0℃、1気圧））

⑤**敷地境界の臭気試料（環境試料）の判定試験**

環境試料（敷地境界での試料）の判定試験方法[1]は、排出口試料の手順とは異なり、パネル（6名以上）に同濃度の試料を3回判定させ、パネルすべての平均正解率が0.58より小さい結果となるまで希釈する。

当初、希釈倍数は原則10倍とするが、オペレーターが実際に試料を確認し、決定する。排出口試料の場合、判定に正解したパネルが1名以下になるまで希釈するが、環境試料の場合は原則2回（同希釈倍数を3セット）で判定を終了する。図4-7に環境試料の判定試験手順を、図4-8に図4-7に対応させた排出口試料の判定試験手順を示す。

⑥**環境試料の試験結果に基づく臭気指数の算出方法**

環境試料の臭気指数は、判定試験の正解率から、以下の式により算出

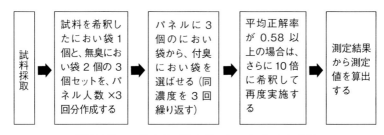

図4-7 環境試料（敷地境界）の判定試験手順

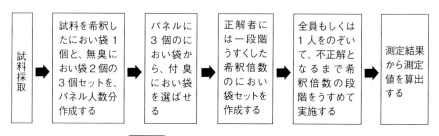

図4-8 排出口試料の判定試験手順

する[1]。

パネル6名の場合、以下の得点を18回分（6名×3回）合計し、18で割り戻して平均正解率とする。平均正解率が0.58以上であった場合、当初希釈倍数を10倍にした試料を作成し、再度パネル全員に3回ずつ判定させる。

当初希釈倍数の平均正解率（r_1）が0.58未満の場合は臭気指数10（臭気濃度10）未満と判定される。当初希釈倍数での平均正解率（r_1）が0.58以上の場合は（4-7）式より臭気指数を算出する。

$$Y = 10\log M + 10（r_1 - 0.58）/（r_1 - r_0） \quad (4\text{-}7式)$$

M：最初に判定を行った希釈倍数（当初希釈倍数）
r_1：最初の判定での平均正解率
r_0：2度目の判定（当初希釈倍数×10倍）での平均正解率

表4-4の1回目の判定結果から平均正解率（r_1）を求めると、15/18 = 0.83であり、0.58以上であるため、100倍希釈において2回目を実施した。2回目の平均正解率（r_0）は8/18 = 0.44となる。1回目の希釈倍数（M）が10倍であるから（4-7式）より臭気指数を求めると以下のようになる。

$$Y = 10\log 10 + 10（0.83 - 0.58）/（0.83 - 0.44）= 16.41$$

小数点以下を四捨五入し、臭気指数は16となる。

第4章　においを測る・評価する

表4-4　環境試料の試験結果

1回目の判定

パネル	10倍希釈		
	1回目	2回目	3回目
A	○	○	○
B	○	○	○
C	×	○	○
D	○	○	○
E	○	○	○
F	○	×	×
平均正解率	0.83		

2回目の判定

パネル	100倍希釈		
	1回目	2回目	3回目
A	○	×	×
B	○	○	○
C	○	○	×
D	×	×	×
E	×	×	×
F	○	×	○
平均正解率	0.44		

○：正解	1.00
×：不正解	0.00

（2）三点比較式フラスコ法

①三点比較式フラスコ法の成り立ちと排出水の臭気指数規制

　環境庁告示第63号「臭気指数及び臭気排出強度の算定の方法」に三点比較式フラスコ法[1]が排出水（第3号規制基準）における測定法として定められ、2001（平成13）年4月1日より適用されることとなった。すなわち、三点比較式フラスコ法は、悪臭防止法において規定されており、水中の臭気を測定する方法である。排出水に係る臭気指数の規制基準は、排出水が拡散している水面上1.5m地点における大気中の臭気指数が、敷地境界線（1号規制基準）の規制基準に適合するように定められており、敷地境界線規制値（臭気指数）＋16とされている。

　　$Iw = L + 16$　　　　　　　　　　　　　　　　　　　（4-8式）

　　Iw：排出水の臭気指数規制値

　　L：敷地境界の規制基準として定められた値

111

②排出水の判定試験

　三点比較式フラスコ法は、フラスコの中で、一定の希釈倍数に希釈した着臭水をパネルが嗅いでにおいの有無を判定する方法であり、排出水を無臭の水で段階的に希釈した試料を一定容器に取り、容器内の空気のにおいの程度を排出口試料の判定試験の三点比較式臭袋法と同様の手順で判定する。臭気指数の算定方法も排出口試料の試験結果に基づく算出方法と同様である。ただし、希釈倍数がにおい袋と異なる。フラスコ内の水の容積は100 mLであるため、3倍が3.3倍、30倍が33倍となり、異なる対数値となる。必要な器具を**表4-5**に示す。

　次に、判定試験の手順を**図4-9**に示す。

　まず、無臭水をメスシリンダーで100 mL定量し、①〜③の3個のフラスコへ注入する。希釈倍率3.3、10、33倍に希釈する場合、70、90、

表4-5　排出水の判定試験の器具

器具	必要な性能
無臭水製造装置	日本工業規格（JIS）K0102（工場排水試験方法）に定める装置またはこれと同等のもの
無臭水保管容器	密栓ができるガラス容器瓶であって、容量2〜5L程度のもの
恒温水槽	水槽内の水温を約25℃に維持できるもの（無臭水、試料水は水温25℃に保つ）
フラスコ	共栓付暗褐色透明摺りのガラス製の三角フラスコまたはこれと同等以上の性能を有するものであって、容量が300 mLでかつ共栓口径が原則として27 mm以下であること
フラスコ用鼻当て	フッ素樹脂製のもので、フラスコの口に装着できるもの
注入用器具	メスシリンダー、メスピペット、マイクロピペットまたはこれらと同等以上の性能を有するものであって、ガラス製または無臭性かつ、臭気の吸着が少ない材質のものであること
試料採取器具	フッ素樹脂製パッキン付きの密栓のできるガラス瓶または共栓ガラス瓶であって、遮光性を有し、かつ容量が50〜1000 mL程度のもの
その他	パネル回答用紙、オペレーター集計用紙、トレー、筆記具、ウエスなど

112

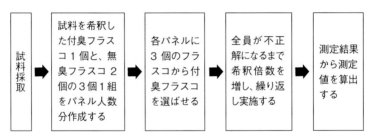

図4-9 三点比較式フラスコ法による判定試験の手順

97 mLとする。次に、無臭水を注入した3個のフラスコのうち1個に、所定の希釈倍数になるようにメスピペットなどにより試料水（3.3、10、33倍に希釈する場合、30、10、3 mL）を注入する。このとき、共栓摺り合わせ部に試料が付着しないように注意する。その後、パネルに3個のフラスコを提示し、判定後オペレーターが集計用紙に記入する。

パネルについては、三点比較式臭袋法と同様に、パネル選定試験に合格した6名以上で行う。

フラスコの嗅ぎ方については、次の手順で行う。試験風景を**写真4-2**に示す。共栓と本体を持ち2、3回強く振る（振とう）。共栓を外し、鼻当てを付ける（水が机などに付かないように共栓の置き方に注意する）。鼻当てに軽く鼻を当てて嗅ぐ。判定したら鼻当てを外し、共栓をする（共栓をもとの番号に装着するよう注意する）。

③排出水の判定試験結果に基づく臭気指数の算出方法

臭気指数の算出方法を以下に示す。排出口試料と同様に、最大値と最小値を除いてパネル全体の閾値を求める。

$$X_w = \frac{X_{w1} + X_{w2} + X_{w3} + X_{w4}}{4} \qquad (4\text{-}9\text{式})$$

X_w：パネル全体の閾値（対数値）
X_i：各パネルの閾値（対数値）

写真4-2 三点比較式フラスコ法の試験風景

$$Y_w=10X_w \qquad (4\text{-}10式)$$
Y_w：臭気指数

　臭気指数は、小数点以下を四捨五入する。
　希釈倍数1倍で不正解者が2名以上でた場合、その試料の臭気指数は3未満とする。

(3) 無臭室法

　無臭性の高い部屋ににおい試料を充満させ、そこへパネルが入室して評価を行う方法である。写真4-3のように、箱ににおい試料を注入し、その箱へ顔を入れ、評価する方法もある。この方法は嗅ぎ窓式無臭室法、簡易型無臭室法などと呼ばれている。

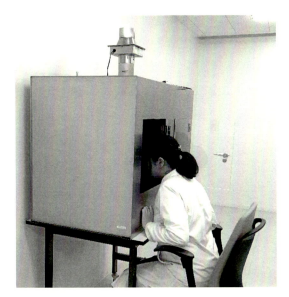

写真4-3　嗅ぎ窓式無臭室法の試験風景

(4) ダイナミック・オルファクトメーター法

　欧州標準化委員会（CEN：EN13725）で規定されており、オルファクトメーター（機器）を用いてにおい試料を自動で希釈し、ヒトがにおいの有無を判断する方法である。三点比較式臭袋法が3倍系列の下降法であるのに対し、オルファクトメーター法では2倍系列の上昇法を用いている。また、三点比較式臭袋法では、無臭空気と付臭空気の区別が確かなものでなくとも付臭空気の入った袋の番号を当てることができればよいが、オルファクトメーター法では、付臭空気を当て、かつ付臭空気であることが「はっきりと」わからなければならない。この違いにより、同じパネルでも得られる臭気濃度は、三点比較式臭袋法のほうが3倍程度高くなるとの報告がある[4]。

(5) 注射器法

1980年代の日本で最も多く使われた方法で、アメリカのASTM（American Society for Testing and Materials）で規定された方法に準じて行われていた。ガラス製の注射器で試料を希釈して臭気濃度を求める方法であるため、注射器の使用法によるばらつきが大きく、使用法の改善が検討され、におい袋法の開発へとつながった（**写真4-4**）。

(6) セントメーター法

セントメーターは箱型で、上下に穴があいており、そこから入ったにおいは活性炭槽を通り、無臭となって中心部に導かれる。パネルは、測定場所（においのある場所）において自分で吸引し、においの有無を判定する方法である。

写真4-4　注射器法の試験風景

第4章　においを測る・評価する

4-2-4　評定尺度法

（1）臭気強度と快・不快度評価

　臭気強度表示法（Indication Method of Odor Intensity）は、におい
の強さを表す尺度であり、悪臭防止法においては、6段階臭気強度を基
本尺度としており、臭気強度2.5、3.0、3.5に相当する特定悪臭物質濃度
または臭気指数を規制値としている。快・不快度表示法（Indication
Method of Odor Hedonics）は、快・不快の程度を評価する尺度であ
り、5、7、9段階のものがよく用いられている。

　臭気強度、快・不快度については、対象とするにおいに応じてさまざ
まな尺度が国内外で用いられているが、悪臭防止法や日本建築学会臭気
規準では**図**4-10に示す6段階の臭気強度尺度と9段階の快・不快度尺度

6段階臭気強度尺度	0　無臭 1　やっと感知できるにおい（検知閾値） 2　何のにおいであるかがわかる弱いにおい（認知閾値） 3　らくに感知できるにおい 4　強いにおい 5　強烈なにおい
9段階快・不快度尺度	＋4　極端に快 ＋3　非常に快 ＋2　快 ＋1　やや快 0　　快でも不快でもない −1　やや不快 −2　不快 −3　非常に不快 −4　極端に不快
2段階容認性尺度	受け入れられる 受け入れられない

図4-10　6段階臭気強度尺度、9段階快・不快度尺度、容認性尺度

117

が採用されている[1][2]。図4-10の6段階臭気強度尺度では、「1」を「何かにおいがあると感じることができる最低濃度」である検知閾値、「2」を「そのにおいがどんなにおいであるかわかる最低濃度」である認知閾値としている。

臭気強度と快・不快度の関係であるが、臭気強度が4の「強いにおい」であっても、快・不快度は必ずしも不快側の評価になるとは限らない。それは、においの快・不快には、においの質や評価者の嗜好性などが影響するためである。快・不快度評価はパネルの属性（例えば、性別、年齢など）に特に左右されやすく、個人差が大きくなる傾向にある。また、評価の際には、同じ質のにおいであっても強すぎるために不快に感じることや、短時間であれば快であったものが、長時間嗅いだために不快に感じる場合があることにも注意が必要である。

快・不快度の個人差は大きくなりやすいが、臭気強度に全く個人差がないわけではない。そのため、近年では、n-ブタノール試薬を用いてパネルの臭気強度訓練を行う方法などが提案されている。

においの良し悪し、臭気対策の効果などにおいを総合的に判断するときに有効な容認性評価は、日本建築学会臭気規準では図4-10に示す2段階の尺度が用いられている。「受け入れられる」か「受け入れられない」を60名のパネルが評価し、「受け入れられない」割合が20％（非容認率20％）を臭気基準としている。評価をする時期については、入室直後に感じたにおいに対する印象が強いことから、入室直後の順応していない状態での評価に基づいて基準値を決定することが妥当であるとされている。

（2）においの質の評価

においの質を評価する場合、快か不快かを捉えるには快・不快度尺度が使用されるが、何のにおいであるのか、どのような質であるのかなど詳細に把握したい場合には、一方法としてSD法（Semantic Differential Method：20程度の形容詞対（形容詞を対で用いる）について通常7段

第4章　においを測る・評価する

階（5段階、9段階などもある）で評価させ、情意的意味を客観的に測定する方法）が用いられている。例として、調理臭の質評価に用いられた評価項目と尺度を図4-11に示す[5]。

	非常に	かなり	やや	どちらでもない	やや	かなり	非常に	
油っぽい								水っぽい
不快な								快適な
甘い								すい
あいまいな								はっきりした
温かい								冷たい
つんとくる								おだやかな
永続的な								一時的な
つよい								よわい
重い								軽い
きたない								きれいな
生臭い								新鮮な
うすい								あつい
にぶい								するどい
さっぱりした								こってりした
好きな								嫌いな
おいしそうな								まずそうな
ありふれた								めずらしい

図4-11　においの質評価項目と尺度の一例

4-3 機器で測る

4-3-1 現場測定に適した検知管法とセンサー法

図4-1の機器測定法の中で、現地での測定に適している検知管法は、あらかじめ測定対象のにおい物質と濃度を推測し、検知管の種類を選定した上で用いる必要がある。また、検出下限値（その分析法で検出できる最低濃度のこと）が検知閾値（ヒトが何かにおいがあると感じることができる最低濃度）よりも高い場合が多いことや定量化の点から、測定誤差が大きいことに注意が必要である。

においセンサーは、においの構成成分により応答が異なるため、応答しやすい成分が存在すると、ヒトの感覚よりにおいセンサーの値は高めに表示される。また、温湿度などの環境要素に対する影響についても把握しておく必要がある。においセンサーの値のみではにおいの強弱の判断が難しいため、**図4-12**のように、ヒトの感覚量とにおいセンサーの値についてあらかじめ検量線を作成した上でにおいセンサーを用いることが望ましい。図4-12を用いると、においセンサー値からヒトの感覚量を推定できる。

4-3-2 特定悪臭物質の測定方法

（1）各物質の測定に用いる装置

特定悪臭物質は22物質あるが、22物質すべてが規制対象であるのは、1号規制基準（敷地境界）であり、2号規制基準（気体排出口）では、13物質であり、アンモニア、硫化水素、トリメチルアミン、プロピオンアルデヒド、ノルマルブチルアルデヒド、イソブチルアルデヒ

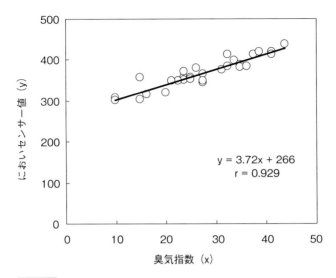

図4-12　焼き肉調理臭の臭気指数とにおいセンサー値の関係

ド、ノルマルバレルアルデヒド、イソバレルアルデヒド、イソブタノール、酢酸エチル、メチルイソブチルケトン、トルエン、キシレンが規制対象である。3号規制基準（排出水）では4物質であり、メチルメルカプタン、硫化水素、硫化メチル、二硫化メチルが規制対象である。特定悪臭物質の測定にはおもに、アンモニアでは分光光度計を、その他の物質ではガスクロマトグラフを用いる[1]。

（2）分析機器の原理

①分光光度計の原理

　分光光度計では、溶液の吸光度を測定してにおい物質濃度を定量する。きれいな水は透明であるが、汚れた水は濁っている。これは、水中に存在する成分が光を遮る（吸収した）ため見える現象である。光が水にどれだけ吸収されたかを「吸光度（Absorbance）」という。図4-13の光のうち可視光線のみが、人の目に色として見え、目に見える色は「波長」によって決まる。図4-14のように、すべての可視光線を含む白

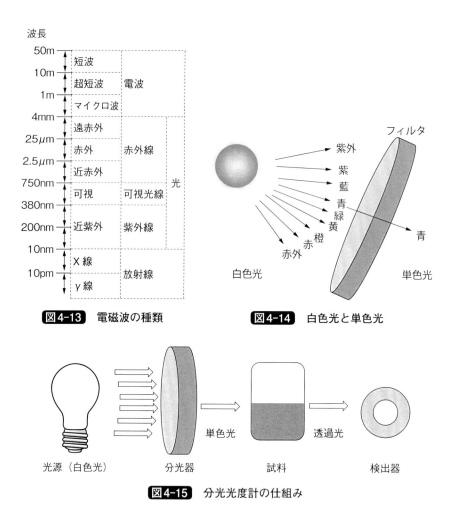

図4-13 電磁波の種類　　**図4-14** 白色光と単色光

図4-15 分光光度計の仕組み

色光、1色（1波長）の光を単色光という。分光光度計では、「光源（白色光）→分光器→試料（水）→検出器」の順で光が通ることによって測定できる。分光光度計の仕組みを**図4-15**に示す。

②ガスクロマトグラフ法（GC）の原理

　固定相と移動相の作用によりガス成分を分離し、検出器で信号化してガス濃度を測定する。特定悪臭物質の分析には、**表4-6**のとおり、検出器FID、FTD、FPDが用いられる。**図4-16**に示すように固定相（カラ

表4-6 特定悪臭物質の主な測定方法（試料捕集方法と分析機器）

物質名	試料の捕集方法	分析機器・検出器
アンモニア	ほう酸捕集溶液に吸収瓶法で捕集	分光光度計（640 nm）イオンクロマトグラフ
メチルメルカプタン	液体酸素または液体アルゴンで低温濃縮	ガスクロマトグラフ FPD
硫化水素		
硫化メチル		
二硫化メチル		
アセトアルデヒド	DNPH固体捕集管へ捕集・溶媒抽出	ガスクロマトグラフ FTD またはガスクロマトグラフ質量分析計
プロピオンアルデヒド		
ノルマルブチルアルデヒド		
イソブチルアルデヒド		
ノルマルバレルアルデヒド		
イソバレルアルデヒド		
イソブタノール	ポーラスポリマービーズに捕集・加熱脱着	ガスクロマトグラフ FID
酢酸エチル		
メチルイソブチルケトン		
トルエン		
スチレン		
キシレン		
プロピオン酸	ガラスビーズ（水酸化ストロンチウム被覆）に捕集・加熱脱着（ギ酸添加）	
ノルマル酪酸		
ノルマル吉草酸		
イソ吉草酸		
トリメチルアミン	希硫酸捕集溶液に吸収瓶法で捕集	

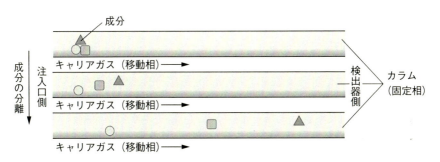

図4-16 各成分の分離過程

ム）に移動相（キャリアガス）を流し、分析試料を注入すると、混合成分が分離し、検出器に到達する時間差が生まれる。このことで個別の化合物を同定することができる。なお、カラムは、ステンレス、ガラスなどの内径2～4mm程度の管内に充填剤をつめたパックドカラムとフューズドシリカ、ステンレスなどで内径1mm以下の管の内面に液相や充填剤を保持させたキャピラリーカラムがある。パックドカラムで1～5m、キャピラリーカラムでは5～100mの長さのものが用いられる。

　得られた検出器の信号（クロマトグラム）をもとに、検量線を作成し、それぞれ成分ごとに濃度を計算する。物質濃度を定量するために、標準試料（濃度がわかっている試料）を測定し、標準試料の濃度をもとに測定試料の濃度を算出する。標準試料の測定結果を散布図で表したものを検量線図という。クロマトグラムと検量線の例を図4-17、図4-18に示す。

(3) 各物質の捕集、濃縮、分析方法

　各物質の捕集、濃縮、分析方法は表4-6に示したとおりである。アンモニアのほう酸捕集溶液吸収瓶での捕集方法を図4-19に示す。トリメチルアミンでは、希硫酸水溶液を用いて同様に捕集する。

　硫黄系化合物の低温濃縮方法とGC/FPDでの分析方法の概要を図

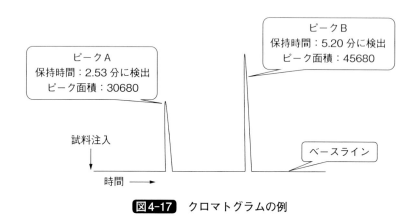

図4-17　クロマトグラムの例

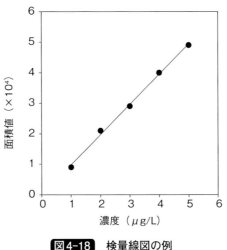

図4-18 検量線図の例

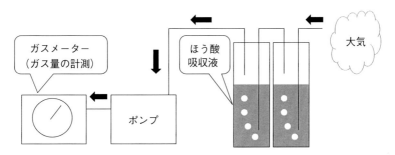

図4-19 アンモニアのほう酸捕集溶液吸収瓶での捕集方法の概要

4-20に示す。

　トリメチルアミンの濃縮操作を**図4-21**に示す。濃縮後の分析方法については、図4-20に示したGC/FPDでの分析方法の概要と同様である。ただし、検出器はFIDを用いる。

　固体捕集管や吸着管への捕集方法を**図4-22**に示す。表4-6に示したとおり、物質により用いる吸着管が異なる。アルデヒド類では、固体捕集管（2,4-ジニトロヒドラジン）を使用する。

低温濃縮操作

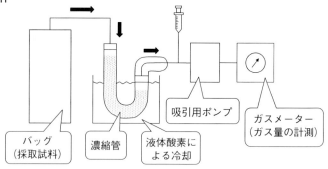

分析方法の概要

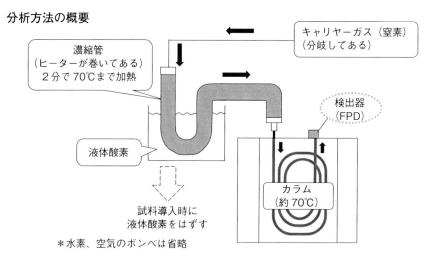

図4-20 硫黄系化合物の低温濃縮方法とGC/FPDでの分析方法の概要

　吸着管に捕集した臭気試料を加熱により脱着させ、分析する。TenaxTAに捕集した炭化水素類の分析方法を図4-23に示す。また、アルカリビーズに捕集した低級脂肪酸類の分析方法を図4-24に示す。固体捕集管に捕集した試料の溶出方法とアルデヒド類の分析方法を図4-25に示す。

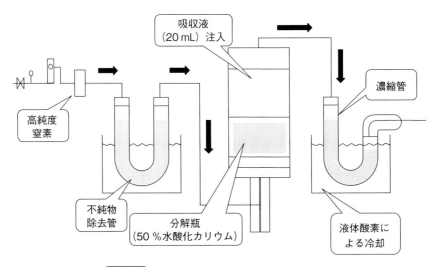

図4-21 トリメチルアミンの濃縮操作の概要

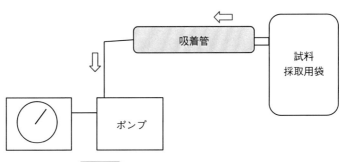

図4-22 吸着管への捕集方法の概要

(4) におい物質濃度測定における課題

　ガスクロマトグラフなどによって、においの成分を同定し、濃度を求めることができたとしても検出濃度がそのままヒトのにおい感覚に等しいわけではないことに気をつけなければならない。第2章で述べたとおり、におい物質の検知閾値はそれぞれ異なっており、同じ濃度の物質があったとすると、一般的には閾値が高い物質より閾値が低い物質のほう

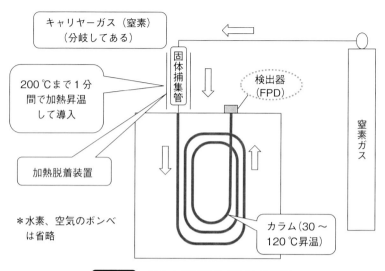

図4-23 炭化水素類の分析方法の概要

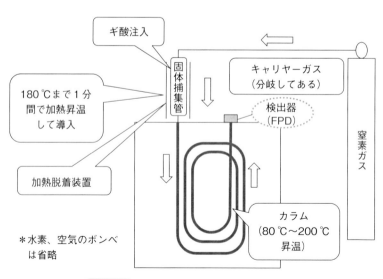

図4-24 低級脂肪酸類の分析方法の概要

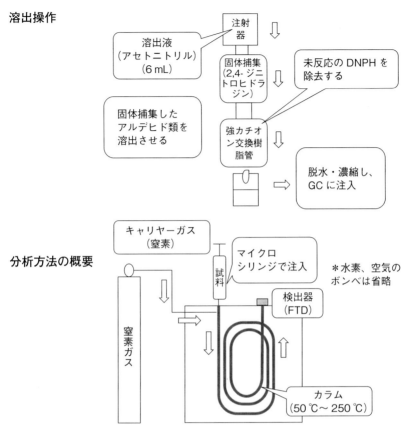

図4-25 アルデヒド類の溶出操作とGC/FTDでの分析方法の概要

が濃く感じられるのである。物質濃度からにおい感覚を予想するためには、閾希釈倍数を求めるのも1つの方法である。閾希釈倍数とは単一のにおい成分の濃度をその成分の閾値濃度で除した値のことであり、(4-11式) で求められる。

$$閾希釈倍数 = 成分濃度 / 成分の閾値濃度 \qquad (4\text{-}11式)$$

また、本章で述べたとおり、におい物質濃度の測定には、低濃度の場

表4-7 ある病室の臭気成分分析結果と各成分の検知閾値・検出下限値

	成分濃度 (ppb)	検知閾値 (ppb)	検出下限値 (ppb)
硫化水素	0.95	0.41	0.9
メチルメルカプタン	N.D.	0.07	0.8
硫化メチル	N.D.	3	0.1
二硫化メチル	N.D.	2.2	0.2
プロピオン酸	Tr.	5.7	0.5
ノルマル酪酸	Tr.	0.19	0.3
イソ吉草酸	Tr.	0.078	0.2
ノルマル吉草酸	Tr.	0.037	0.2
アセトアルデヒド	10.57	1.5	0.1
プロピオンアルデヒド	N.D.	1	0.2
イソブチルアルデヒド	N.D.	0.35	0.2
ノルマルブチルアルデヒド	N.D.	0.67	0.2
イソバレルアルデヒド	N.D.	0.1	0.1
ノルマルバレルアルデヒド	N.D.	0.41	0.1
ホルムアルデヒド	17.81	500	14
トリメチルアミン	Tr.	0.03	1.5
アンモニア	688.41	1500	0.2

(注) N.D.：不検出、Tr.：痕跡程度

合には濃縮作業が必要であり、中には濃縮しても検知閾値の100倍程度の濃度までしか測れない場合もある。**表4-7**に、ある病室の臭気成分分析結果および各成分の検知閾値と測定機器の検出下限値を示す[6]。硫黄化合物、トリメチルアミンなどは検出下限値の方が検知閾値よりも高く、においとして感じていても検出できないことがわかる。

4-4 脱臭効率を測る

　脱臭効率とは、臭気対策を講じた前後のにおいを比べて、どの程度に

おいが低減しているのかを表したものである。多くの場合、低減した臭気濃度（脱臭前−脱臭後）を脱臭前の臭気濃度で割り、パーセント表記する。化学物質の低減を脱臭効率と呼ぶケースがみられるが、単一物質の低減率は物質除去率であり、脱臭効率ではない。

脱臭の目的が、排出口の出口での臭気レベルを一定以下にすることである場合、脱臭効率の目標値を設定して脱臭方法を選択することができる。また、消脱臭剤を用いるのであれば、どの消脱臭剤が効果的であるのか、脱臭効率によって比較検討できる。脱臭効率は、（4-12式）で求められる。脱臭効率の算出例を図4-26に示す。

脱臭効率
＝（低減した臭気濃度※／脱臭前の臭気濃度）×100（％）（4-12式）

※低減した臭気濃度＝脱臭前の臭気濃度−脱臭後の臭気濃度

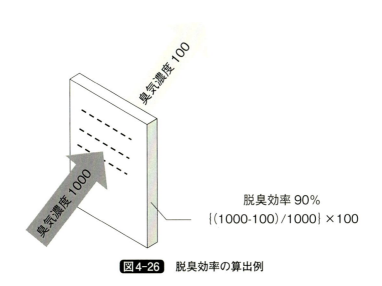

図4-26　脱臭効率の算出例

コラム

癌探知犬

　癌探知犬、麻薬探知犬がいることをご存じであろうか？マスコミなどでも取り上げられているホットニュースである。

　麻薬探知犬は、ハンドラーとの二人三脚で成田空港、横浜港などの税関で活躍している。犬種はラブラドール・レドリバー、ジャーマン・シェパードの2種類。ヘロインなどの麻薬をバッグの上から見つけ出すように訓練を受けている。

　現在、日本で活躍している癌探知犬は5頭（2017年時点）、犬種はラブラドール・レドリバー。犬の嗅覚を利用して、癌を発見する試みである。癌患者は、癌の種類によって尿や体臭、呼気に特徴的な揮散物質が含まれることがわかってきている。これまでは、血液検査、カメラ検査、X線検査などで、患者にとっては侵襲性治療である。しかし、体力の弱った人に対しては採血もダメージになる。体や尿からのにおいによって診断できるようになれば、患者にとっては正に福音で、非侵襲性治療として極めて注目に値する。医療費の軽減という効果も期待できる。現在は、乳癌、大腸癌、肺癌、前立腺癌、白血病、胃癌などの6種類の癌に対して嗅ぎ分けが可能であるとされる。癌探知犬による癌検診を始めた自治体も出てきた。さらに、これらの研究は、新たなセンサーの開発へと展開する可能性も秘めている。

参考資料：日本医事新報，日本医事新報社，2013, 3, 16

第 **5** 章

臭気対策の考え方

5-1 室内の臭気対策の手順と特徴

5-1-1 室内の臭気対策の手順

「においを感じる、においがする」ということは、ヒトが嗅覚でキャッチしたにおい分子が存在し、におい分子が発生した場所が確実に存在するということである。室内でにおえば、多くの場合、室内ににおい分子の発生場所が存在するということになる。例えば、住宅内であれば、台所の調理臭、生ごみ臭、浴室や洗面室の排水口臭、玄関の足臭などがその原因としてあげられるだろう。また、においは、単独ではそれほど気にならない場合でも、複数のにおいが混ざり合うと不快なにおいへと変貌することがある。他人の家を訪問し玄関に入った瞬間、その家特有のにおいが鼻をつくことを誰しも経験したことがあるのではないだろうか。何のにおいかはわからないが、さまざまなにおいが混ざり合った特有のにおいがそこに存在しているのである。個々の家のにおいは、食習慣、家族構成、嗜好、生活スタイルなどにも影響される。

室内のにおいは住宅のみならず、オフィス、学校、病院、商業施設などのさまざまな用途の建物内にも存在しており、そのにおいは建物用途や在室者、利用者によっても影響され、またその場所の特有のにおいとなっている。屋外から室内へ足を踏み入れた時に、感じるにおいの存在によって、その室内空間の印象に影響を与えることがある。室内のにおいを適切に制御することは、室内空間の快適性を保つ上で重要な要素なのである。

室内の臭気対策において、まず重要なのは、においの発生源管理である（図5-1）。発生源管理を行っても臭気対策が不十分な場合には、においの種類に応じて換気対策、消臭・脱臭対策、感覚的消臭対策を個別または組み合わせて実施していくことになる。

第5章 臭気対策の考え方

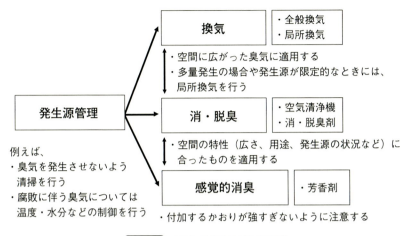

図5-1 室内の臭気対策の手順

5-1-2　各対策の特徴

（1）発生源管理

　室内の臭気対策を行う際には、図5-1に示すとおり、まずは発生源管理を心掛けることである。室内に、においの発生源がある場合には、においの発生をできるだけ抑えられるようにその発生源を管理し、一旦においが発生した場合には室内へ広がらないうちに、速やかに除去することが重要である。また、においの発生源が屋外の場合には、室内へにおいを持ち込まないように注意する。

（2）換気

　換気は、室内のにおいの濃度低下のための最も基本的な手法である。外気が室内よりも清浄である場合には、室内発生したあらゆるにおい物質を同時にすばやく除去でき、他の対策と比較しても最も大きな除去効果が期待できる。室内で発生するにおいが室内に拡散する前に排出するのが望ましく、においの発生源が明らかな場合にはその近傍で局所的に

135

換気を行う（局所換気）ことが最良の方法である。発生源が特定できない場合には、においの拡散を前提として部屋全体の空気を入れ換える（全般換気）ことになる。この換気の場合には室内でのにおいの発生源が多岐に渡り、低減すべき目標となる値（においの基準値）が低いため、必要となる換気量が多量になる場合が多い。そのため、他の対策と組み合わせるとよい。

（3）消・脱臭

吸着については、物理吸着と化学吸着に大別される。物理吸着は、表面積が大きい多孔質物質（活性炭やゼオライトなど）の物理的吸着能によってにおい物質を除去する方法である。化学吸着は、酸性または塩基性の薬品を添着した多孔質物質の化学的吸着能（におい物質と薬品との化学結合）によって、物理吸着のみでは処理できないにおい物質を除去する方法である。

吸着は、処理によって有害物質が発生しにくい利点があるが、吸着剤の量、室内の温度・湿度、対象のにおい成分、においの濃度によって効果に差があるばかりでなく、経年劣化によっても吸着性能が変化するため各場合に応じて性能を確認する必要がある。また、温度、湿度、においの濃度変化により、一旦吸着したにおいが再放出されることがあるため注意が必要である。

分解については、におい物質を酸化分解する方法が主であり、オゾン方式、プラズマ方式、光触媒方式などがある。これらの方法については、高濃度のにおいに対して十分な処理能力を備えていない場合があり、分解途中で中間生成物が生成され、異臭を放つ場合があることに注意が必要である。また、オゾン自体は有害であるため、空室時にオゾンで燻蒸処理できる内装材に染み付いた付着臭の処理などへの使用が適当である。

（4）感覚的消臭

感覚的消臭は、「マスキング（隠ぺい）」と「中和」、「変調」に大別される。

「マスキング」は、悪臭をより強いにおいで包み隠すことであり、芳香臭などを作用させて臭気強度を低減したり、不快感を緩和したりする方法である。感覚的な「中和」とは、化学的な中和反応ではなく、悪臭物質を芳香化合物などで感覚的に相殺し、悪臭を弱く感じさせ、元の悪臭よりレベルを低減させる方法である。「変調」は香水の調香のように、香料1つひとつのにおいが混ざり合うと別のにおいに感じたり、印象が変わったりすることである。悪臭を1つのにおい成分と捉え、他のにおいと組み合わせ、新たなにおいを作り、悪臭をかおりへ変化させて不快感を軽減するものである。

感覚的消臭は、手法が比較的簡単であり、広い範囲にも適用できるため安易に利用されやすいが、高濃度のにおいに対処しようとしてより強い香気を付加すると、元の悪臭より不快になることがあり、高濃度のにおいには不向きな場合がある。また、「芳香の付加」に関しては、健康影響など安全性の確認も行い、過剰に用いないように注意する必要がある。

5-2 換気による臭気対策

5-2-1 換気量と換気回数

換気とは、室内の汚れた空気を屋外の新鮮空気と入れ替えることである。入れ替わる空気の量を換気量（m³/h）といい、1時間に室内へ流入、あるいは流出する空気量を室容積で割り、入れ替わる回数を1時間

当たりで求めたものを換気回数（回/h）という。

5-2-2　換気の経路

　換気の計画を立てるときに重要なのは、室内の汚れた空気をいかに屋外へ排出するか、また、排出された汚れた空気が再度室内へ入ってくるのをいかに防ぐかを考えることである。つまり、**図5-2**に示すように、室内へ入ってくる空気（給気）から屋外へ出される空気（排気）の流れ、すなわち換気の経路を考えることが重要となる。

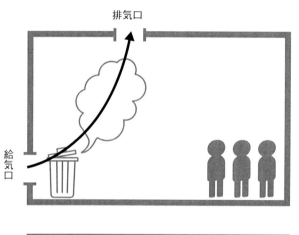

においの発生源から人の滞在場所へにおいが広がらないように排出できる

においが人の滞在場所へ流れ込み、換気をしても人に不快感を与える可能性がある

図5-2　室内の給気口と排気口の位置関係

第5章　臭気対策の考え方

5-2-3　換気の方式

　換気は、範囲に応じて「全般換気」と「局所換気」がある。全般換気は、室内全体を換気するものであり、局所換気は発生源の近傍で、室内の一部を換気するものである。

　また、換気方法によって「自然換気」と「機械換気」に分けられる。自然換気は、自然の力を利用したもので、主として風力と室内外の温度差によるものがある。機械換気は、給気と排気のファンの設置位置によって、第1種から第3種に分けられている。

　第1種とは、給気と排気の両方ともにファンが設置されているものであり、第2種とは、給気にファンが設置され、排気に換気口が設置されているものである。住宅などで最も広く用いられているのが第3種である。第3種とは、排気にファンが設置され、給気に換気口が設置されている。

　第2種は室内で発生したにおいを排出する力が弱く、室内のにおい対策としては不向きである。第3種では、台所、トイレ、浴室などのにおいが発生しやすい部屋に排気用のファンを設置することにより、ほかの部屋へにおいの拡散を防ぐことができる。

　シックハウス対策としての換気は、住宅全体の化学物質濃度を低下させるために、第1種または第3種の機械換気による全般換気を、0.5回/h以上で24時間行う必要がある。

5-2-4　必要換気量の求め方

（1）必要換気量の算出式

　換気対策に重要なのは、まず、臭気対策に必要な換気量を把握することである。室内のにおいを基準値以下にするための必要換気量を算出し、必要な性能を持つ換気設備を設置することになる。以下に、室内の

139

必要換気量の算出方法を示す。

　室内の混合性状を評価する数値を換気効率 k とすると、換気効率指標の種類にもよるが、一般に完全混合（発生臭気の瞬時一様拡散）の場合は1である。換気効率は、においの発生源の位置、評価領域などによって区別される。室内において臭気を指標とした必要換気量の算出式は（5-1式）のとおりである。完全混合を仮定し、局所排気装置なしとすると、（5-2式）から必要換気量が求められる。

$$Q = \frac{(1 - \eta)M}{kC} \qquad\qquad\qquad\qquad （5\text{-}1式）$$

$$Q = \frac{M}{C} \qquad\qquad\qquad\qquad\qquad （5\text{-}2式）$$

Q：必要換気量 ［m^3/h］

M：においの発生量 ［m^3/h］

η：局所排気装置によるにおいの捕集率 ［-］

k：居住域における換気効率 ［-］

C：においの基準値（臭気濃度）［-］

（2）においの発生量の求め方

　（1）の必要換気量の算出方法からもわかるとおり、必要換気量の算出には、においの発生量のデータが必要である。ある発生源から発生するにおいを漏れなく採取したときのにおいの発生量は（5-3式）で求められる。また、室内のにおいが完全混合、定常状態であるとき、においの発生量は（5-4式）から求められる。

　発生源の特定が困難である場合や、特定発生源が複数存在する場合に、室内のにおいの発生量を求めるときには、空間の換気量が求まれば、空間の臭気濃度を測定することで（5-4式）からにおいの発生量を求めることができる。

においの発生量（m³/h）

= （発生源からのにおいの臭気濃度）

× （発生源からのにおいの採取時の流量（m³/h））（5-3式）

においの発生量（m³/h）

= （室内の臭気濃度）× （室内の換気量（m³/h））　　　（5-4式）

　室内の必要換気量は一般的には、二酸化炭素濃度を指標として求められる。二酸化炭素の人体影響が大きいという理由からではなく、ほかの空気汚染物質の代替指標となり得るという理由から、二酸化炭素濃度が用いられている。室内の二酸化炭素濃度の高低と他の空気汚染物質濃度の高低に相関があり、室内の二酸化炭素濃度を1,000 ppm以下に抑えられれば、他の空気汚染物質濃度もある一定濃度以下に抑えられているとの考えに基づいている。一方で、においのように人の快適感に影響を及ぼす要素では、二酸化炭素濃度が1,000 ppm以下であってもにおいによって不快感が生じることがある。においによる不快感を緩和させるために、多くの換気量が必要となる場合がある。その場合には、大風量の換気で屋内外の空気が入れ替わるため、冷暖房などのエネルギー負荷が大きくなる。

　こうしたことを避けるには、必要換気量の算出式（5-2式）からもわかるとおり、においの発生量（M）を低減させるか、においの基準となる容認できるにおいの濃度（基準値）（C）を可能な限り高く設定することである。においの発生量を低減させる方法としては、5-1-2項で述べた発生源管理による抑制や発生源への消臭、脱臭対策の適用である。基準値を高く設定するとは、第2章で述べたとおり、においの感じ方には個人差があり、室内のにおいを制御するための対象者の属性を考慮し、基準値が低くなりすぎないように、設定を行うことである。

　例えば、喫煙者のみしか使用しない喫煙所において、非喫煙者のにおいの感じ方に基づく基準値を適用すると、実際に使用する喫煙者を対象

とした基準値より低く、使用者の属性から考えたときに、より多めの換気量を必要とすることになる。したがって本来、空間を使用する対象者を考慮したにおいの基準値を適用するべきである。しかし、属性別の基準値については、十分に検討されておらず、個々のデータが少ないのが現状である。属性別のにおいの基準値については、今後の研究成果が待たれるところである。

5-3 消・脱臭、感覚的消臭による対策

　消・脱臭、感覚的消臭にあたるにおい低減・除去のメカニズムとしては、「感覚的方法」「生物的方法」「物理的方法」「化学的方法」の4種に大別される。これらのメカニズムは室内の臭気対策だけでなく、屋外の臭気対策にも適用されている。本節では、消・脱臭、感覚的消臭について解説する[1]。

5-3-1　感覚的方法

（1）感覚的方法の種類

　感覚的方法は5-1-2項（4）で述べたが、図5-3のとおり、「マスキング（隠ぺい）法」「中和法」「変調法」に細分化される。

　マスキング法とは、単純に表すと、Aという臭気（悪臭）が存在する場合、これよりもさらに強いにおい、例えば焦げ臭の代表でもある木酢液、防虫・防臭剤としての樟脳、パラジクロルベンゼンなどを作用させ臭気（悪臭）を感じなくさせる方法をいう。

　中和法とは、臭気（悪臭）に対して、ある種類の化合物（芳香化合物）を作用させ、そのときに生ずるにおい（複合臭）が元の臭気（悪臭）に

142

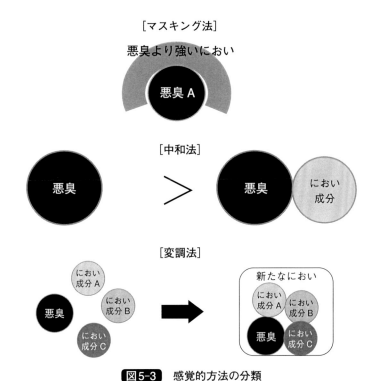

図5-3 感覚的方法の分類

比べて臭気強度もしくは快・不快度レベルを改善する方法をいう。この作用を相殺作用ともいう。

　以前、2種類のにおい物質を一緒にする場合、閾値の近い物質間では、においがほとんど感じなくなることもあり得ると1900年半ばにAirwick社のR. Benckiserは述べているが、今のところにおい物質の組合せで無臭になるという画期的な現象は報告されていない。中和効果の良好なものとして、およそ120年前の1895年にHendrick Zwaardemakerは表5-1に示す9種類のにおい物質の組み合わせを提示している。

　変調法とは、におい（悪臭、芳香）物質を混ぜ合わせることで、新しいにおいとして感じさせることである。例えば、硫化水素、メチルメルカプタン、トリメチルアミンなどの悪臭物質に対して、精油であるローズ、スズラン、金木犀、ジャスミン、レモン、クチナシなどが効果的と

| 表5-1 | 9種類のOdor Pair |

1. 樟脳とオーデコロン
2. 麝香とアーモンド油
3. エチルメルカプタンとユーカリ油
4. スカトールとクマリン
5. 蜜蝋とペルーバルサム
6. シダーウッド（西洋杉）とゴム
7. ゴムとベンゾイン（安息香）
8. ジュニパー油と酪酸
9. バニリンと塩素

される。単一のにおい物質としては、シトラール（ゲラニアール：E体、ネラール：Z体の混合物）、桂皮アルデヒド、バニリン、クマリン、カルボン、オイゲノール、ベンジルアセテート、フェニルエチルアルコール、ボルネオールなどが有効とされる。

　変調作用の代表例としては、花香の代表でもあるジャスミンには、分析の結果、糞便臭ともいわれるインドールが1.5～2.0％含有されており、ジャスミン香を合成する場合にインドールは欠かせない成分の1つである。変調法に該当する事例（成分分析の一例）を**図5-4**に示す。図5-4に示す一連の柑橘類の主成分はリモネンであるが、ヒトの嗅覚にはリモネンではなく、それぞれ特徴のあるにおいとして感ずる。

（2）感覚的方法のメカニズム

　第2章で述べたとおり、「におう」という現象は嗅繊毛細胞壁に存在する嗅覚受容体に、においの原因となる分子が認識（キャッチ）され、分子という化学情報が電気信号に変換され「脳（嗅球）⇒大脳辺縁系⇒大脳新皮質（嗅覚野）」に到達することである。一種類のにおい（同一分子で構成されている場合）を嗅いだ場合、**図5-5**に示したように、ヒ

144

第5章　臭気対策の考え方

オレンジスイートオイル		グレープフルーツオイル	
D-リモネン ： 96%		D-リモネン ： 95%	
ミルセン ： 1.8%		ヌートカトン ： 0.2%	

レモンオイル		柚子オイル（高知）
D-リモネン ： 64%		→約50種類の成分
β-ピネン ： 13%		D-リモネン ： 57%
シトラール ： 2%		γ-テルピネン： 15%

※レモングラスの場合は、シトラール：70%であり、30%が他の成分である

図5-4　主成分をリモネンとする変調の例

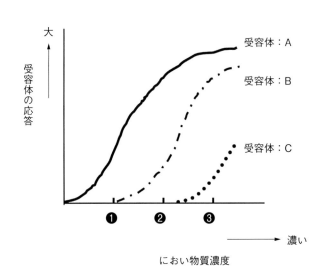

- におい物質は、複数の受容体に対してそれぞれ異なった閾値を有する
- 物質濃度が濃くなると、強度だけではなく質も変化する

図5-5　複数の受容体によって認識される1種類のにおい分子の場合

トは濃さ（分子数の多少）によってにおいの強弱および質の変化を認識する。

受容体：Aの状態を考えると、におい物質濃度が濃くなると（グラフ横軸方向）受容体の応答は大きくなり（グラフ縦軸方向）、軸索から嗅球への電気信号は強くなる。ここで脳は、においが強くなったと判断する。さらに、横軸上の❷および❸の状態は、新たに受容体：Bと受容体：Cがにおい物質に応答して発生する電気信号が嗅球に送られることを示している。そうすると脳は、受容体：A・B・Cから送られてきた異なる3種類の電気信号を総合して、においの質・強弱を判断することになる。

図5-6は、複数のにおい物質（2種類以上の分子）と嗅覚受容体との関係を示している。基本的な考え方は、前述した1種類のにおい分子の場合と類似している。ここでは、7種類のにおい分子と3種類の受容体の存在を仮定する。図5-5では一種のにおい分子の場合、濃度の違い（分子数の違い）で認識される受容体の種類、応答強度が違ってきた。複数種のにおい分子が共存する場合、それぞれの分子がかかわる受容体

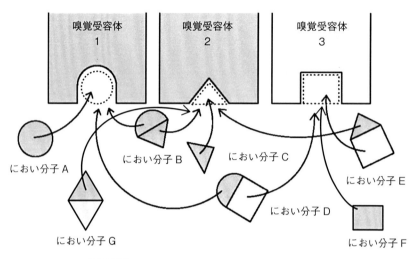

図5-6 嗅覚受容体とにおい分子の組み合わせ

第5章　臭気対策の考え方

はさまざまになる。図5-6からわかるように、分子数に関係なく1種類のにおい分子でも複数の受容体に認識される。このように、におい分子がおよそ400種類の嗅覚受容体のどれと結合するか、組合せははかりしれないが、それぞれのにおい分子は結合すべき特有の受容体を持っていると考えられる。

　図5-6中のにおい分子の1個を悪臭の分子に置き換えると、全体のにおい質としてどのようになるのか、実際に行ってみないとわからないのが現実であろう。悪臭に対してどのようなにおい物質（分子）が感覚的消臭効果を発揮するのか、現状では試行錯誤を繰り返し経験則から見つけ出しているといわざるを得ない。

5-3-2　生物的方法

　微生物的方法ともいわれる。微生物は生存していくために栄養分（餌）を取り入れるが、その栄養分としてにおい物質が摂食される。詳細は第3章3-1節3-1-3項で述べたとおりである。微生物（細菌：バクテリア）は、におい物質を摂食し、空気（水）中の酸素を取り入れ酸化分解してエネルギーとしている。そのときに酸素が不十分な環境に陥ると、酸素が必要な好気性細菌群が弱くなり、逆に酸素を絶対的に必要としない嫌気性細菌群が勢力を広める。その結果、におい物質の割合が増加するという現象が生起する。

　図5-7に示すように、微生物的方法でにおいの除去を行う場合には、酸素（空気）の供給が非常に重要であることがわかる。

　微生物を利用して有機物、例えば生ごみ、し尿などを分解することは身近な生活の中でも行われている。生ごみについては、家庭向けの生ごみ処理機や規模の大きい業務用生ごみ処理機がある。家庭向けとしては、家庭でのコンポスト化（堆肥化）ということで、飽和状態にあるごみ処理施設において、各家庭からのごみの廃出量を減らすために自治体が推奨している面もある。家庭用生ごみ処理機の歴史は、二十数年前に

147

さかのぼり、微生物を利用するバイオ式と呼ばれる室内用処理機が製造された。しかし、微生物のコントロールは一般家庭では難しく、発生する不快臭の解決が大きな課題となった。発生する悪臭の除去法も種々検討されたが解決には至らず、現在は乾燥式が主流となっている。乾燥式は、一気に生ごみの水分を乾燥させ減量し、さらに乾燥後の生ごみからにおいの発生が抑えられるという方法になる。

大規模施設（ホテル、スーパーなど）での生ごみ処理の場合、コンポスト化した物の活用も考える必要がある。すなわち、野菜や穀類などの食材にかかわる循環型システムを構築しなければならない。システムのイメージを図5-8に示す。

栄養物の元素：C、H、O、N、S

好気性細菌　　炭酸ガス、水、硝酸塩、硫酸塩などの産生
　　　　　　　悪臭物質は産生しにくい

嫌気性細菌　　炭酸ガス、メタンガス、水などの産生

低沸点有機酸・アルデヒド類、アンモニア・アミン類、硫化水素・低沸点硫化物などの悪臭物質の産生

図5-7　嫌気性細菌による悪臭物質の産生

食材を調理で使用　⟹　生ごみが発生
⟹　バイオ式での生ゴミ処理　⟹　コンポスト（堆肥）の完成
⟹　コンポスト食材生産農家で使用　⟹　食材が得られる
⟹　食材を調理で使用

図5-8　食材にかかわる循環型システムのイメージ

第5章　臭気対策の考え方

超大型施設での微生物脱臭法は、し尿処理および下水処理施設である。
　方法は、活性汚泥法と呼ばれるものである。ばっ気槽（空気を強制的に吹き込み、酸素を供給する）で、活性汚泥菌と汚水を接触させ、汚水中の有機物（悪臭）を分解する。次に、沈殿槽に流入され死滅汚泥菌などを沈殿分離する。分離された物は、活性汚泥として焼却もしくは埋立てされ、水は飲料以外（水洗トイレ用、公園の噴水、打ち水用など）に再利用される。

5-3-3　物理的方法

（1）物理的方法の基本的な考え方

　物理的方法としての基本的な考えには、吸着、吸収、収着という現象がある。各現象の説明を表5-2と図5-9に示す。図5-9は、左側からにおい物質（分子）が樹脂部に接近する状況を表し、樹脂表面に到達した時点を「吸着」と判断する。さらに、樹脂内部に拡散していく段階を「収着」と判断する。最終的に樹脂の右側に、におい物質（分子）が出る現象を「透過」という。これらの現象は、すべて分子レベルで起きている。「吸収」とはにおい物質が水、精油などの液体に溶解する現象である。

表5-2　においの吸着、吸収、収着について

除去法	現象の説明
吸着	物理吸着と化学吸着がある 気体または液体と接触し、含まれる物質を 固体表面に保持（固定）する
吸収	水、溶剤（精油）などに、におい物質が溶解する
収着	プラスチック素材などへ におい物質の移行・溶け込み（拡散）がおこる

149

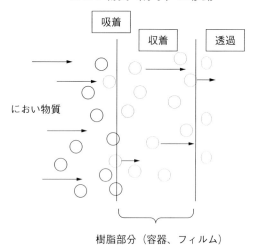

図5-9 におい物質の吸着、収着、透過

（2）吸着法における活性炭

　吸着法は大きく活性炭、ゼオライト、炭に分けられる。

　活性炭は使用目的によって、さまざまな形態に加工されている。また、活性炭として使用される原料もさまざまである。図5-10に形態、原料についてまとめた。なお、図5-10に示したパーセントの値は、原料中に含有される炭素量の一例を表している。

　図5-11に活性炭表面を示す。図5-11の左側に粒状活性炭を、右側に繊維状活性炭の構造をそれぞれ示す。活性炭表面には細孔（ポア）と呼ばれる極めて細かな穴が開いている。粒状活性炭の場合、におい物質は最初にマクロポアに到達し、さらにメソポアに入り込む。この段階で、におい分子は「マクロポア⇔メソポア」間をほぼ自由に動き回っている。それら動き回っている分子の中で、ミクロポア（マイクロポア）にまで到達した分子が、活性炭表面に吸着され固定化される。一方、繊維状活性炭は図5-11からもわかるように、ミクロポアが直接環境中にさ

第5章　臭気対策の考え方

活性炭
・ハニカム状活性炭　・粒状活性炭（成型、破砕）
・粉状活性炭　　　　・繊維状活性炭

原料
・木材
・非木材
　　ヤシの実、もみ殻
・石油、石炭系
　　ピッチ　　　93％
　　セルロース
　　　レーヨン　44％
　　アクリル　　68％
　　フェノール　77％

※パーセント値は炭素量

図5-10　活性炭の種類および活性炭の原料

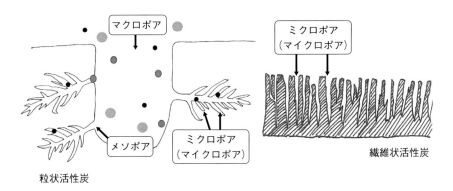

図5-11　活性炭の表面構造

らされている。実際、におい物質の除去はミクロポアで生起するため、細孔が環境中にさらされていると吸着が極めて早く進行し、におい物質は効率良く除去されることになる。活性炭のような物理吸着の場合、注意しなければならない点がある。それは一度表面に吸着したにおい物質

を、放出してしまう性質がある。この作用を脱着といい、吸着される物質によって脱着の難易性はさまざまである。第6章6-6節で、実例として、木材系の吸着・脱着性について検討した結果を紹介する。

（3）吸着法におけるゼオライト

　ゼオライトは、活性炭に比べてにおい物質の除去という面からの利用価値は限定的である。**図5-12**に示すとおり、ゼオライトは天然と合成に分類され、天然ゼオライトのおもな産地は、東北地方と中国地方に集中しており、埋蔵量は1兆トンともいわれている。利用状況は多岐に渡り、建築用石材（大谷石として有名で代表的な建造物は、旧帝国ホテルの正面玄関に使用されており、現在犬山市の明治村に移築保存されている）、土壌改良剤、飼料添加剤、紙用フィラー、ペットなどのし尿処理用として供されている。

　ゼオライトの主成分はシリカ（二酸化ケイ素：親水性）、アルミナ（酸化アルミニウム：疎水性）である。一般的な化学組成は、シリカ、アルミナの組成比率によって、特性が決まってくる。天然ゼオライトはシリカ分が少なく吸水性が高い。したがって、建築物の調湿材としての利用価値が高い。

〈ゼオライトの分類〉
┌ 天然ゼオライト：代表は大谷石
└ 合成ゼオライト

〈一般的化学組成〉

$$(M_2, N)O \cdot Al_2O_3 \cdot nSiO_2 \cdot mH_2O$$

M：アルカリ金属（Li、Na、K など）　　n：1.8〜2.1　A型　┐親水性
N：アルカリ土類金属（Ca、Mg など）　　　2.1〜3.0　X型　│
　　　　　　　　　　　　　　　　　　　　　4.0〜6.0　Y型　↓疎水性
　　　　　　　　　　　　　　　　　　　　　m：0〜6.7

図5-12 ゼオライトの組成

第5章　臭気対策の考え方

これに対して合成ゼオライトは、シリカ・アルミナ組成を自由に変化させ製造することができる。代表的な組成によって、A型、X型、Y型に分類されており、シリカ分の多いY型が疎水性に優れている。現在、合成ゼオライトは、各社から100種類ほど製造されている。

ゼオライトは、その独特の結晶構造により他の鉱物には見られない空洞と孔路を持っている。通常、これらの空洞・孔路部分には多量の結晶水が含まれているが、加熱または減圧処理によって容易に除去できる。水の取れた状態のゼオライトは、外部から細孔路内に入ってきたにおい物質を吸着することができ、におい物質の除去機能を発揮する。特に、シリカ成分の多い疎水性合成ゼオライトは、においの除去成分として有効性が高く、フィルターなどへの利用展開も進んでいる。体臭に関連するイソ吉草酸、トランス-2-ノネナール等の低級脂肪酸に対しても、優れた除去性能を発揮するといわれている。

5-3-4　化学的方法

（1）化学的方法の分類

化学反応による消臭方法は、におい物質と完全な化学反応を起こすことで、元の分子構造とは異なる無臭物質か、あるいは不快性が低減された物質に変化（変換）させる方法であり、吸着法とは根本的に異なるメカニズムである。臭気対策で利用される反応分類、機構および代表的な薬剤を合わせて、**表5-3**に示す。

（2）中和反応（酸－アルカリ反応）

におい物質と薬剤（消臭剤成分）との反応例を示す（**図5-13**）。

アンモニアとの反応については、上から3種の反応式はアンモニア（アルカリ性）と無機酸（酸性）との反応、次の2種の反応式は有機酸（酸性）との反応を示している。いずれの反応においても反応生成物は

153

表5-3 臭気対策で利用される基本的な化学反応

反応分類	基本的な反応機構	代表的薬剤
1. 中和反応	酸性物質とアルカリ性物質との反応	リン酸、硫酸、塩酸、ミョウバン、有機酸、水酸化ナトリウム、炭酸水素ナトリウム など
2. 酸化反応	おもに酸化剤との反応、燃焼	過酸化水素、鉄系化合物、オゾン、二酸化塩素、次亜塩素酸ナトリウム、有機過酸化物 など
3. 還元反応	おもに還元剤との反応	水素、亜硫酸ナトリウム、ヨウ化水素、ヒドラジン、アミン系化合物 など
4. 縮合反応	おもに−CHO基との反応	ホルムアルデヒド、グリオキザール、グルタルアルデヒド、ベンズアルデヒド、桂皮アルデヒド など
5. 付加反応	おもにC=Cへの付加反応	メタクリル酸エステル（例えばラウリルメタクリレート）、マレイン酸エステル、フタル酸エステル など

（注）酸化反応に、反応機構として燃焼法を分類

無臭のアンモニウム塩である。

　図5-13の硫化水素およびメチルメルカプタンとの反応については、硫化水素（酸性）およびメチルメルカプタン（弱酸性）と水酸化ナトリウム（アルカリ性）もしくは重曹（炭酸水素ナトリウム：アルカリ性）との反応を示している。式でも明らかなように、硫化水素は水酸化ナトリウムとの反応で、水硫化ナトリウムを経由して最終的に硫化ナトリウムに変換される。重曹（炭酸水素ナトリウム）との反応では、アルカリ性の弱さから、水硫化ナトリウムの段階で反応は停止する。メチルメルカプタン（水に微溶性）は酸性が弱く、水酸化ナトリウムとの反応も遅いとされている。

　生ぐさいにおいの典型であるトリメチルアミンは、魚体中に含まれる

アンモニアとの反応

・$H_2SO_4 + 2NH_3 \longrightarrow (NH_4)_2SO_4$

・$HCl + NH_3 \longrightarrow NH_4Cl$

・$H_3PO_4 + NH_3 \longrightarrow H_2(NH_4)PO_4$
$\longrightarrow (+ 2NH_3) \longrightarrow (NH_4)_3PO_4$

・$R\text{-}COOH + NH_3 \longrightarrow R\text{-}COONH_4$
$CH_3COOH + NH_3 \longrightarrow CH_3COONH_4$

硫化水素との反応

・$NaOH + H_2S \longrightarrow NaHS + H_2O$
（水硫化ナトリウム）
$\longrightarrow (+ NaOH) \longrightarrow Na_2S + H_2O$
（硫化ナトリウム）

・$NaHCO_3 + H_2S \longrightarrow NaHS + Na_2CO_3$
（重曹）

メチルメルカプタンとの反応

・$NaOH + CH_3SH \longrightarrow CH_3SNa + H_2O$
（メチルメルカプタンナトリウム塩）

図5-13 におい物質中和反応式の一例

トリメチルアミン-N-オキシド（ほぼ無臭）が空気中にさらされることで、N-オキシドの酸素が離脱し産生される。**図5-14**の式ではアルカリ性のトリメチルアミンに酢酸（酸性）が反応し、トリメチルアミンアセテート（塩類に相当）が産生することを表している。生魚を使ったお寿司で生ぐさいにおいを感じ難いのは、酢飯中の酢酸とトリメチルアミンが反応することで無臭化されているためである。魚を酢で絞めるという工程には、生ぐさいにおいを抑えるという効果も含まれている。

　現在、市場に出ている消臭剤成分として、有機酸の一種であるクエン酸が使用される場合が多い。**図5-15**で示したように、クエン酸1モルに対してアンモニア3モルが反応するという効率の優れた薬剤である。

155

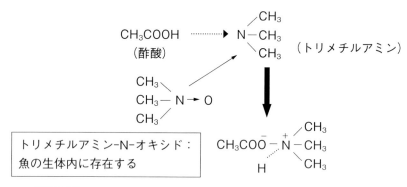

図5-14 生ぐさいにおい（トリメチルアミン）に対する酢酸の反応

$$3NH_3 + クエン酸 \longrightarrow \text{(アンモニウム塩)}$$

図5-15 アンモニアとクエン酸との反応

（3）酸化反応（酸化剤との反応、燃焼）

①燃焼法

酸化反応の基本は燃焼である。**図5-16**、**図5-17**に、典型的な燃焼法を示す。

図5-17中の（1）の流路で被処理ガスが流れ、次に流路変更により（2）の方向に流すことで蓄熱体での熱交換の効率を良くする。

直焔式および蓄熱式燃焼法におけるおよその熱効率を比較すると、**表5-4**に示すような大きな相違が出る。また、蓄熱式に採用されているハニカム構造型蓄熱体の開発が蓄熱式を可能にしたといわれている。

蓄熱式燃焼法には、さらに蓄熱体に触媒を担持した触媒蓄熱法があるが、処理する臭気ガスの種類によっては触媒が被毒され分解能力が一気

第5章　臭気対策の考え方

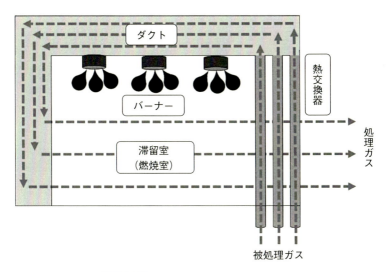

図5-16　直焔式燃焼法（直接燃焼法）

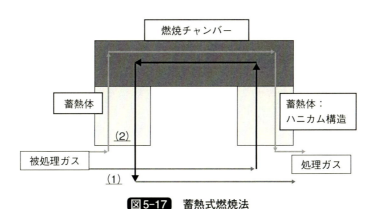

図5-17　蓄熱式燃焼法

（注）(1)(2)については本文中で説明

表5-4　直焔式（直接）および蓄熱式燃焼法の熱効率の比較

	無熱回収	直焔式	蓄熱式
熱効率（％）	0	50	95
燃料費（％）	100	45	5

低圧水銀ランプ：紫外線（hv）照射

$$O_2 + hv（184.9nm） \longrightarrow 2O\cdot$$

$$O_2 + O\cdot（M） \longrightarrow O_3$$

$$O_3 + hv（253.7nm） \longrightarrow O\cdot + O_2$$

図5-18 オゾン生成のメカニズム

に低下してしまう。

②**オゾン法**

　オゾンはO_3という分子式で表され、酸素分子O_2に酸素Oが結合した状態である。オゾンの生成メカニズムを**図5-18**に示す。図中の式より明らかなように、紫外線波長によって酸素からオゾンが発生し、かつオゾンが酸素に分解する。酸素原子（活性酸素：O・）が、さまざまな物質を酸化する。日本水道協会オゾン処理調査報告書によるオゾンの生体に与える影響を**表5-5**に示す。酸化反応により、におい物質を分解することは可能であるが、ヒトへの影響を考慮すると、現状では、ヒトが滞在しない場所での活用が現実的となっている。

③**光触媒（酸化チタン）法**

　酸化チタン型光触媒は、1967年東京大学助教授本多健一氏と大学院生であった藤嶋昭氏が、酸化チタンと白金を電極にして強い光を当てると、水が酸素と水素に分解される現象を発見したことに始まる。簡単な原理の説明を**図5-19**に示す。図5-19よりわかるように紫外光を吸収した酸化チタンは、価電子帯から伝導帯に電子（e^-）を移行させる。この電子は酸素の還元に、価電子帯に発生した正孔（h^+）は水や有機物（臭気物質）の酸化に使われる。

　酸化反応が、条件良く進行すると有機物質（におい物質）は二酸化炭素と水に分解される。しかし、複雑な反応中間物質が産生されると、においの質が変化したり、より閾値の低い物質ができたりすることもある

表5-5 オゾンの生体に与える影響

濃度	生体症状
0.01～0.02ppm	わずかににおいを感ずる（敏感なヒトの閾値）
0.1ppm	においを感じ、鼻、咽喉、目に刺激（全員が不快）
0.2～0.5ppm	3～6時間曝露で視覚低下、上部気道に刺激
1～2ppm	2時間曝露で頭痛、胸部痛、咳、反復で慢性中毒になる
5～10ppm	脈拍増加、体痛、麻酔症状、昏睡、反復で肺水腫を招く
15～20ppm	小動物は2時間以内に死亡
50ppm	ヒトは1時間で生命が危険

酸化チタン：アナターゼ型、ルチル型、ブルッカイト型が存在
　　　　　　⇒ アナターゼ型が利用される

▶ 約380nm以下の短波長の紫外光を吸収

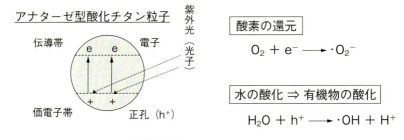

図5-19 光触媒の活性機構

ので注意が必要である。有機物質の分解例を図5-20に示す。

④ **人工酵素（バイオミメテック）法（フタロシアニン誘導体）**

　フタロシアニン誘導体とは生体内に存在する酸化酵素をモデル化し、化学的修飾を加え消臭機能を付与した機能性高分子の1つである。通常、生体内の酸化酵素の中には鉄および銅を含むものが多い。これらの金属は、触媒能の活性点として機能する。下式に示したように、金属は

1. **トリメチルアミン** ⇨
   ジメチルアミン、メチルアミン、アンモニア、硝酸イオン

2. **メチルメルカプタン** ⇨
   ジメチルスルフィド、ジメチルジスルフィド、
   硫酸イオン、メタンスルホン酸、ギ酸

3. **グリセリン** ⇨ グリセリン酸、グリコール酸、ギ酸

4. **ホルムアルデヒド** ⇨ ギ酸

図5-20 光触媒による有機物の分解例

酸化還元を繰り返すレドックス反応が進行する。

$$Fe(II) \rightleftarrows Fe(III)$$
$$Cu(I) \rightleftarrows Cu(II)$$

図5-21に鉄を有するフタロシアニン化合物の一例を示す。

　反応機構は、例えばメチルメルカプタンの場合、酸化されて二硫化メチル（CH_3SSCH_3）が産生する。酸化能力は比較的穏やかなため、これ以上の酸化反応は進行せず、メルカプタン類は二硫化物で停止する。アンモニアに対しては、化学修飾したカルボキシル基との間で中和反応が進行する。フタロシアニン誘導体は水に対して非溶解性であるため、この特徴を利用して、ポリスチレン繊維に化学反応によって導入し、消臭繊維化が可能となる。洗濯によって消臭機能が低下し難いという優位性を持っている。

⑤超音波法

　超音波とは、数十キロヘルツ（kHz）～数メガヘルツ（MHz）の電磁波をいう。超音波を水溶液に照射すると水中でキャビティ（空洞）が発生する。通常、キャビティは目視不可能であるが局所的に数千度、数百

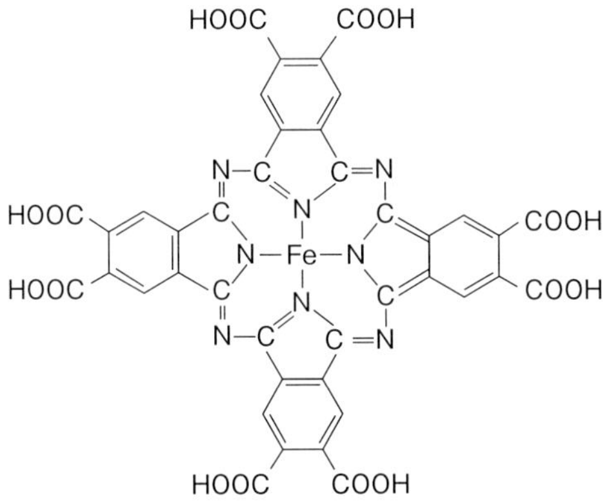

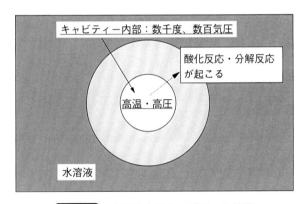

図5-21 鉄フタロシアニン化合物

図5-22 水溶液中のキャビティの状態

気圧の状態が発生する。そうすると、下式のように、キャビティ内部では水蒸気化した水分子は熱分解する。

$$H_2O \rightarrow \cdot OH + \cdot H$$

産生した各種ラジカルは、活性種として酸化反応に寄与する。また、キャビティ内部では、有機物質（臭気物質）も直接熱分解がされることが確認されている。キャビティのイメージを図5-22に示す。

$$\cdot O、\cdot O_2、\cdot OH、\cdot H、h^+$$

左から、酸素原子ラジカル、酸素分子ラジカル、
ヒドロキシルラジカル、水素ラジカル、正孔

図5-23 活性種

　以上、いくつかの酸化反応例を示したが、これらに共通することは酸化反応に寄与する活性種の存在である。すなわち、ラジカル（自由な電子）を持つか、正孔（電子が1個欠損）を持つかである。これらの活性種を**図5-23**にまとめた。

⑥還元反応および縮合反応

　還元反応の代表例は、水素を使用することである。ただし、危険性を有しているため、誰もが利用できるわけではない。メルカプタン類でメチルメルカプタン以外は非水溶性であるため、水酸化ナトリウムなどのアルカリ物質を使用し、ナトリウム塩として除去する方法は難しい。そこで、産業分野では水素ガスを使用し下式の反応を行い、チオール基を一旦硫化水素に転換し、得られた硫化水素を除去するという方法が利用される。硫化水素はアルカリ物質を使用することで容易に除去できる。

$$R-SH+H_2 \longrightarrow R-H+H_2S$$

　縮合反応の代表例は、アミン化合物とアルデヒド化合物の反応である。**図5-24**に反応式の一例を示した。第一段階は、両者化合物の付加反応が生起する。産生した付加化合物は極めて安定性に欠け、ただちに分子内脱水反応が進行し、C＝N結合を有するシッフベース（塩基）に至る。

　シッフベース化合物は黄色〜褐色を呈することから、縮合反応が生起しているか否かを目視で判断できる。

⑦付加反応法（C＝Cへの付加反応）

メタクリル酸エステルに代表される不飽和エステル化合物は、分子内に有する炭素：炭素二重結合への付加反応によってにおい物質を除去できる。しかし、反応自体が穏やかなため、思いどおりの除去効果は得られ難い。メタクリル酸エステルとアンモニアとの付加反応を図5-25に示す。

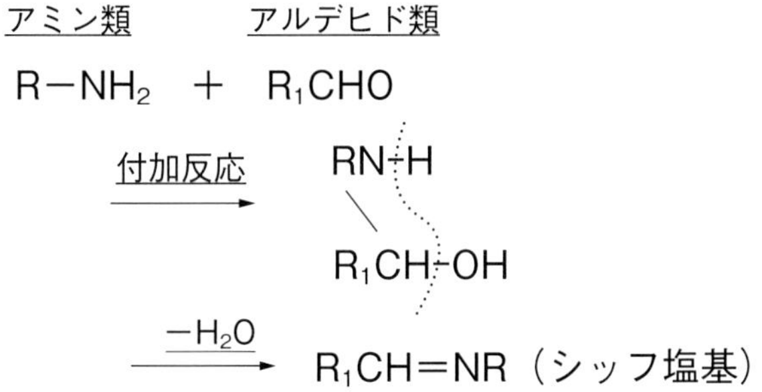

アミン類　　　　アルデヒド類

$$R-NH_2 \ + \ R_1CHO$$

付加反応 →

$$RN\dot{-}H$$

$$R_1CH\dot{-}OH$$

$-H_2O$ →

$$R_1CH=NR（シッフ塩基）$$

図5-24 アミン化合物とアルデヒド化合物の縮合反応

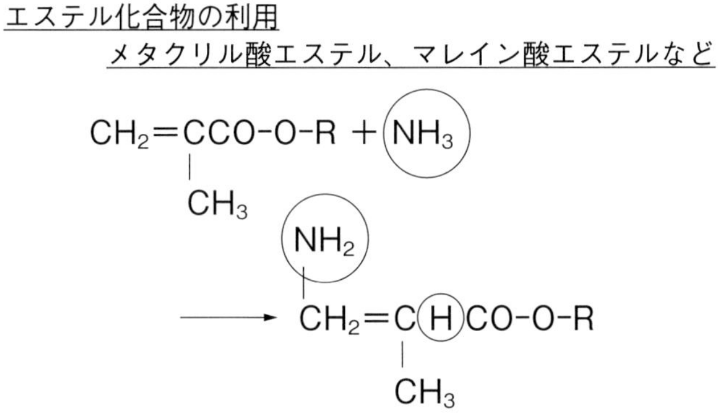

エステル化合物の利用
メタクリル酸エステル、マレイン酸エステルなど

$$CH_2=CCO\text{-}O\text{-}R \ + \ (NH_3)$$
$$|$$
$$CH_3$$

(NH_2)

→

$$CH_2=C(H)CO\text{-}O\text{-}R$$
$$|$$
$$CH_3$$

図5-25 メタクリル酸エステルとアンモニアとの付加反応

163

5-4 空気清浄機・消脱臭芳香剤の種類

5-4-1 消脱臭対策製品の種類

　生活の中で用いられている消脱臭対策品として「空気清浄機」「消臭剤」「芳香剤」「脱臭剤」「防臭剤」などがある。また、これらの製品は、5-3節で述べたにおいの低減・除去のメカニズムによりいくつかの種類に分類される。どの製品がどのメカニズムによるものなのかを知った上で対策に用いると効果的である。本節では、空気清浄機、消脱臭芳香剤の分類とそれぞれの臭気低減・除去メカニズムを解説する。

5-4-2 空気清浄機

（1）空気清浄機の分類

　空気清浄機は、臭気の元になっているにおい成分を除去することにおいて一定の能力が期待できる。用途や使用する空間の大きさを考慮して機種、台数を決定することが重要である。市販の空気清浄機には臭気除去だけでなく、集塵や除菌など、いくつかの機能を複合させているものも多い。臭気除去メカニズムから次のようなタイプに分類できる。「吸着型」「分解型」「イオン放出型」「オゾン放出型」である。なお、この中で、「オゾン放出型」はもとより、「分解型」「イオン放出型」については、オゾンが発生し、それが室内空間へ放出する可能性があるため、使用に際しオゾンによる人体影響（表5-5参照）がないように留意する必要がある。

164

（2）吸着型

活性炭、ゼオライト、ケミカルフィルターなどが使用されているタイプである。5-1節5-1-2項で「吸着」の特徴について述べたとおり、吸着剤の配合量・温度・湿度・悪臭物質・濃度などにより吸着性能が変化するため、実際の使用条件に見合った適切な性能評価が必要である。臭気物質の吸着には限りがあり、性能は経年劣化するため、フィルターの寿命に合わせた交換が必要である。

（3）分解型

5-1節5-1-2項で「分解」の特徴について述べたとおり、光触媒、プラズマ、加熱触媒などがある。分解エネルギーや悪臭物質により分解性能が異なることに注意が必要である。また、分解によって生成される可能性がある中間生成物などにも注意が必要である。

（4）イオン放出型

最近の空気清浄機に多いタイプである。ある種のイオンを空間へ放出し、衣類やカーテンなどへ付着した臭気を分解除去する。におい分子の近傍でイオンがOHラジカルに変化することで分解するとされているが、現状ではメカニズムについて未解明な点が多い。

（5）オゾン放出型

オゾン放出型は「低濃度拡散方式」と「高濃度燻蒸方式」に大別される。「低濃度拡散方式」は、気相中でにおい分子とオゾン分子を反応させてにおい物質を分解するが、オゾンは気相での反応速度が極めて遅いため分解による消臭効果はほとんど期待できない。このタイプの場合、多くはオゾンの鼻粘膜刺激によるマスキング効果といわれている。5-3-4項でも述べたとおり、「高濃度燻蒸方式」は、人体影響を考慮し、人がいない空間に高濃度のオゾンを充填し、空間内に付着した臭気を分

解するという方法が現実的である。人体に有害な濃度まで意図的にオゾン濃度を高めるため、無人にした状態で適用し、使用後のオゾンの残存対応にも注意が必要である。

5-4-3　消脱臭芳香剤

（1）消脱臭芳香剤の分類

　市販されている「消臭剤」「脱臭剤」「芳香剤」「防臭剤」は、用途、効果、剤型、成分などの組合せにより多様である。消臭剤、脱臭剤にはにおいの除去・緩和効果、芳香剤には感覚的なにおい強度の軽減や不快性の緩和などの効果が認められているものもある。実際には、生活空間での臭気は種類、発生頻度、濃度などが多岐にわたり、消臭剤、脱臭剤、芳香剤、防臭剤の用途はある程度限定される。そのため、これらを使用するには、各種機能を理解した上で用いる必要がある。

　臭気の低減・除去メカニズムには、5-3節で述べた4つの原理（感覚的、生物的、物理的、化学的）があるが、それぞれに対応する製品分類（品名）および実際によく利用される芳香・消臭・脱臭・防臭成分などを表5-6に示す。なお、表5-6中には、防臭という概念も記載した。

　また、表5-7に示すとおり、さまざまな形態、用途の製品が市場に存在する。使用に際しては製品に表示されている効果、用途、成分、特徴などを参考にして製品を選択し、使用方法に沿って正しく使用することが重要である。

166

第5章　臭気対策の考え方

表5-6　臭気低減・除去メカニズムと対応製品分類

臭気低減・除去メカニズム	説明	製品分類（品名）	よく利用される芳香・消臭・脱臭・防臭成分
感覚的方法	香料や精油などの芳香作用、マスキング作用、中和作用などを利用して、感覚的に臭気を軽減・緩和または、空間に芳香を付与するもの	芳香剤	香料（天然、合成）、植物精油（植物抽出物）など
	他の物質を添加して臭気の発生や発散を防ぐもの	防臭剤	エタノール、塩化ベンザルコニウム、次亜塩素酸ナトリウム、有機溶剤（パラフィン）など
化学的方法	中和反応、付加反応および酸化還元反応などの各種化学反応を利用して、臭気を無臭もしくは、よりにおいが軽減された物質に変換する	消臭剤	植物抽出物、有機酸（クエン酸など）、界面活性剤、アミノ酸、安定化二酸化塩素、次亜塩素酸ナトリウム、ミョウバン、重曹、イオン交換樹脂、メタクリル酸エステル類など
物理的方法	多孔質物質や溶剤などによる吸着、吸収、溶解、被覆作用などを利用して、物理的に臭気を除去・緩和する	脱臭剤	活性炭、炭（白炭、黒炭）、無機多孔質（天然および合成ゼオライト）、包接化合物（シクロデキストリン）、有機溶剤、界面活性剤など
生物的方法	細菌（バクテリア）の働きを利用して有機物（臭気物質）を分解し無臭物質に変換する	消臭剤	細菌（バクテリア）、活性汚泥菌、生ごみ処理剤（微生物群）など
	薬剤の防腐・殺菌・滅菌作用を使い細菌による腐敗・分解作用を抑止し、臭気の発生を防止する	防臭剤	防腐剤、殺菌剤、抗菌剤（銀系）など。エチルアルコール、次亜塩素酸ナトリウム、過酸化水素、二酸化塩素、ヒバ油など

167

表5-7 消臭剤、脱臭剤、芳香剤、防臭剤の用途および製品形態

製品形態（剤型）	用途	対応する製品（分類）
固体：ゲル剤、固形剤、粒状、粉末状	室内用、玄関用、下駄箱用、トイレ用	消臭剤、芳香剤、脱臭剤芳香・消臭剤
	冷蔵庫用	脱臭剤
含浸体：固形物に液体を含浸させたもの	タンス・クローゼット用台所用、ゴミ箱用、洗面所・風呂用	脱臭剤、防臭剤
液体：吸い上げ芯タイプ（芯材はポリエステル製、ラタン（籐）製など）、フィルム透過タイプ	自動車用、タバコ用、ペット用など	芳香・消臭剤
	室内用、トイレ用、玄関用室内用、トイレ用、玄関用、靴用、布用	脱臭剤、防臭剤
ミスト液体：ポンプスプレータイプ気体：エアゾールタイプ	室内・臭気発生源全般	消臭剤、芳香剤、脱臭剤芳香・消臭剤

5-5 臭気対策の性能評価

5-5-1 空気清浄機の性能評価法

空気清浄機の脱臭性能評価法については、複数の機関で定められている。代表的な評価法は、表5-8に示すとおり、日本電機工業会（JEM1467家庭用空気清浄機）と日本空気清浄協会（JACA No.50 空気清浄機の性能評価指針臭気測定方法）の方法である。どの方法を用いて評価するかは、評価対象機器、対象臭気などから選択する。

168

第5章　臭気対策の考え方

表5-8　空気清浄機の脱臭性能評価方法の例

機関	日本電機工業会	日本空気清浄協会
対象とするにおい	たばこ臭に含まれるアセトアルデヒド、アンモニア、酢酸	建物内の不快臭の模擬臭（代表的なにおい成分を調合したもの）
発生方法	たばこ燃焼	複数のにおい成分の調合
濃度	たばこ5本を同時燃焼	臭気濃度200〜1000
測定方法と指標	ガス検知管法による3種の対象におい物質濃度	三点比較式臭袋法などによる臭気濃度
脱臭性能の評価方法	チャンバー法運転30分後のチャンバー内濃度から除去率を算出	シングルパス法を標準としている（場合により、チャンバー法、現場試験法による評価）

5-5-2　消脱臭・芳香剤の性能評価法

　生活空間で使用される消臭剤、脱臭剤、芳香剤、防臭剤の効果について記載した文献はほとんど見あたらず、一般的にはインハウス・ユーステストなどを利用して効果の検証をすることが多い。

　例えば、室内で実際に消臭剤、脱臭剤、芳香剤を使用して消臭効果を判定する場合、効果が「ある」「ややある」「どちらともいえない」「あまりない」「ない」の5段階で回答するなどの手法が取られている。また、インハウス・ユーステストでは、より商品使用時の具体性を持たせるため、芳香消臭脱臭剤協議会の自主基準[2]のように、6段階臭気強度評価および9段階快・不快度評価を行い、それぞれの評価法において1段階以上の改善がみられた場合に、消臭効果を有すると判断する場合がある。例えば、臭気強度が3から2に低下、快・不快度が-3から-2へまたは、0から+1へ変化した状態を指す。

　試験方法の詳細や効果判定の基準は、におい・かおり環境協会の消臭剤、脱臭剤効果判定法実施要領、芳香消脱臭剤協議会の一般消費者用芳

169

表5-9 消臭剤、脱臭剤、芳香剤、防臭剤の性能試験方法の例

測定法	試験方法	測定項目
嗅覚測定法	6段階臭気強度表示法	6段階臭気強度（0,1,2,3,4,5）
	9段階快・不快度表示法	9段階快・不快度（−4,−3,−2,−1,0,+1,+2,+3,+4）
	三点比較式臭袋法（三点比較法）	臭気濃度を臭気指数へ変換
	順位法、一対比較法、格付け法、採点法など	においの強さ、嗜好性 など
機器測定法	ガスクロマトグラフ・質量分析法（GC・MS法） 検知管法 においセンサー法など	臭気物質濃度
その他	生体計測法　など	生体反応（覚醒、安静）　など

香消臭脱臭剤の自主基準・効力試験方法などに記載があり、それらを基にまとめると、**表5-9**のようになる。

　なお、実際の使用効果については、条件を整えて行った実験結果とは異なる場合があり、生活環境におけるにおいの種類と濃さ、換気状態、消臭剤・脱臭剤・芳香剤の種類、使用場所と広さ、使用時間などにより影響される。

第 **6** 章

室内の臭気対策事例

6-1 臭気発生源管理の事例

6-1-1　生ごみ臭の発生源管理の重要性

　第5章で述べたとおり、室内の臭気対策の手順の中でも臭気発生源管理は最も基本的な方法であり、重要な対策である。中でも室内の不快臭の代表である生ごみ臭においては、発生源管理が特に重要である[1]。

　多くの家庭で、生ごみはごみ収集日まで自宅で貯留し、ごみ収集日に収集場所まで運び出す方法がとられている。したがって、住宅内に生ごみを貯めている間に発生する生ごみ臭が台所などの室内で問題となる。図6-1のように、生ごみを貯留する温度を20℃までに抑えると、生ごみ臭の発生そのものをかなり抑制することができる。20℃で生ごみを貯留した場合には、3日目の臭気濃度（発生量）は30℃で貯留したときの10分の1以下である。したがってこの後、換気による対策を行う場合

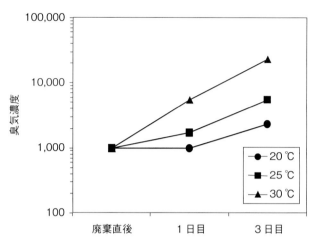

図6-1　生ごみの貯留温度別生ごみ臭の臭気濃度の変化

でも、必要な換気量を10分の1以下にすることができる。

　また、図6-2に示すとおり、生ごみの水切り状態も生ごみ臭の臭気濃度（発生量）に大きくかかわっている。貯留温度が25℃でも生ごみの水切りに注意を払うことで、3日目の発生量を20分の1以下に抑えることができる。30℃になる場合には生ごみの腐敗の進行を遅らせるために、アルコールスプレーなどを生ごみに適用する工夫が必要となる。

6-1-2　尿管用排液バッグからの臭気の防止

　医療・福祉施設で問題となる排泄物臭は、おむつ交換時のように、限定的に高濃度発生が起こる瞬時拡散型の便臭が代表的であるが、尿管用排液バッグから漏出する常時発生型の尿臭もある。尿管用排液バッグはベッド上での排泄を可能にするもので図6-3のように、ベッド横へ取り付けて使用する。発生源管理という観点から、バッグから漏出する臭気の拡散を抑えるという考え方に基づく臭気対策について検討した事例を紹介する[2]。

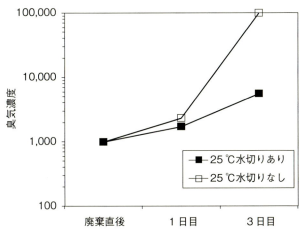

図6-2　水切り状態別の生ごみ臭の臭気濃度の変化

図6-3 ベッド横に取り付けられた尿管用排液バッグ

（1）実験方法

　高齢の入院患者4名を対象として、それぞれが使用している尿管用排液バッグA～Dより漏出する尿臭を採取し、パネル選定試験に合格した4名のパネルにより、6段階臭気強度を測定した。漏出を防ぐために排液バッグに消臭用カバー（以下、カバー）を取り付けた場合の臭気の防止について検討した。

　繊維で作られた不織布を、布製袋の内側に縫い込んだものを、尿管用排液バッグのカバーとして使用した。尿臭の採取はバッグの近傍で行い、採取・測定時間は、カバー装着前と装着後1、2時間、および排液バッグ内の尿の廃棄前である6時間後とした。その後は、24時間ごとに144時間後まで採取・測定を行った。

　使用したカバーの繊維はコットンにカルボキシル基（-COOH）と銅（Cu）を導入したもので、酸性から塩基性ガスに幅広い消臭効果と抗菌・防臭効果を併せ持つとされている。アンモニア、トリメチルアミンに対する吸着性能が高いとされるタイプの繊維と、硫化水素、メチルメ

第6章　室内の臭気対策事例

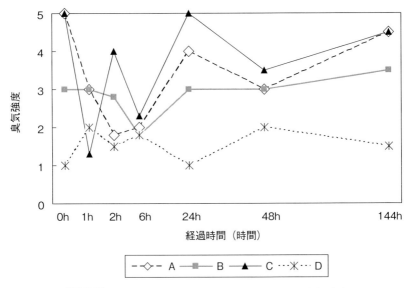

図6-4　尿管用排液バッグからの漏出臭の平均臭気強度

ルカプタンに対する吸着性能が高く、かつ抗菌作用を持つタイプの繊維によって構成されている。洗濯による性能の減弱も少ないといわれており、繰り返しての使用が可能である。

（2）実験結果

　試料A～Dのパネル4名の平均臭気強度の経時変化を**図6-4**に示す。試料A、B、Cにおいてはカバー装着前の臭気強度が3～5となったが、排液バッグの近傍から試料を採取していることにより、非常に不快性の高い臭気であった。カバー装着前の臭気強度が「強烈なにおい」レベル5のAとCは、1時間後には「楽に感知できるにおい」の3、「やっと感知できるにおい」レベルの1.3まで低下した。A、B、Cは6時間経過後より再上昇し、24時間後には測定開始時のカバー装着前と同レベルまで戻った。また、連続装着後144時間後も装着前と同レベルのままであった。臭気強度の経時変化をみると、持続性には限界があるものの6

175

時間以内のように短期的には消臭効果は認められた。尿臭の漏出量、濃度カバーの吸着可能量から持続性の検討が必要であるが、発生源で臭気の漏出を抑制できる一手法といえる。

6-2 換気による臭気対策

6-2-1 局所換気の必要性

本項で紹介する高齢者介護におけるおむつ交換時の臭気の広がりをみると、局所換気の重要性がよくわかる。4床病室において、ベッドまわりのカーテンの内側に合計18点にセンサーを設置し、おむつ交換時におけるベッド周囲への臭気の分布を把握した例を紹介する[3]。

図6-5に、おむつ交換時の臭気の分布を示す。凡例には、センサー値を臭気指数（臭気指数＝10×log（臭気濃度）、臭気濃度とは「そのにおいを無臭にするまでに要する希釈倍数」）に置き換えた値を用いた。おむつ交換の所要時間は2分程度であり、要介護者の衣類を整えた後、4分後にはカーテンが開放され看護師は退室した。

図6-5中の③おむつをあける動作から、④側臥位にして便をふき取る、⑤汚れたおむつを丸める、⑥新しいおむつを敷く、という動作の最中に、床上125 cm（中間点）の足元側センサーが応答を開始した。その後、おむつ交換が終了する1分40秒後になると、床上125 cm（中間点）はさらに濃くなり、床上10 cmおよび250 cm（天井）のセンサーの応答も認められ、ベッド周囲全体へ拡散したことが読み取れた。さらに、カーテンが開放される4分後には中間点、床上10 cm、天井のいずれにも濃い臭気が拡散していた。おむつ交換終了後からカーテンが開放されるまでの間には、⑧ズボンを上げる、⑨衣類を整えるという行為のために、何度も患者の体位が変換されており、その後も⑩体位変換のた

第6章 室内の臭気対策事例

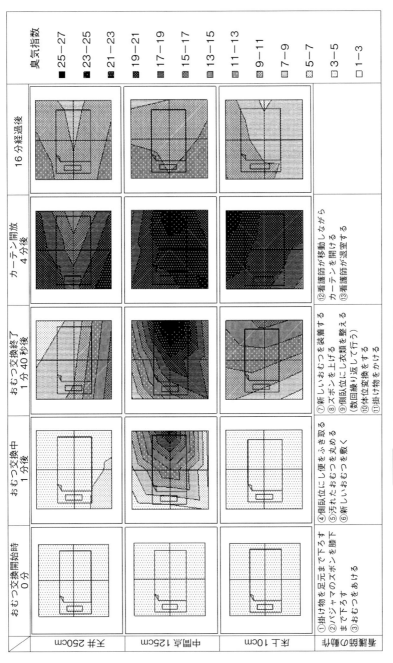

図6-5 病室におけるおむつ交換時のベッド周辺の臭気分布

めにベッド上で患者の臥床位置を変える、⑪掛け物をかけるという動作が続き、看護師と患者の動きによる擾乱が、においの拡散に影響しているものと考えられる。おむつ交換開始時の臭気指数は4であるが、ベッド周囲のカーテンが開放される4分後には臭気指数が20〜25まで上昇しており、カーテンの開放によりおむつ交換時に発生した臭気が病室全体へ広がっていく様子がわかる。16分経過後もベッド周囲は臭気指数10〜13であり、開始時のレベルまで回復しておらず、病室全体のにおいのレベルを上昇させたままである。このように、多床室におけるにおいの問題点は、処置やケア時、特に排泄時の臭気が病室全体へ広がり、室内全体のにおい環境に影響することにある。発生源が特定できる臭気に関しては、局所換気が有効な臭気対策であるといえる。

6-2-2　室内の臭気発生量

（1）臭気発生量の測定方法の例

第5章でも述べたにおいの発生量と同じく、臭気発生量の算出式は、以下のとおりである。

臭気発生量（m^3/h）
　＝（臭気の臭気濃度）×（臭気試料の採取時の流量（m^3/h））

(6-1式)

臭気発生量（m^3/h）
　＝（室内の臭気濃度）×（室内の換気量（m^3/h））　　　(6-2式)

まず、臭気発生量が低減できれば、換気や消・脱臭対策がたてやすくなる。本項では、各発生源からの臭気発生量がどの程度なのか見てみよう。

測定を行う場合は、三角フラスコ、チャンバー、空間内などへの導入空気は無臭となるように注意する必要がある。臭気の発生が常時行われるような場合には換気量の単位はm^3/hとするが、短時間の場合などは、その発生状況に応じて、L/min、L/secなどを用いる。また、測定する発生源の状況、表面積、重量などと、測定時の室内などの温度、湿度、換気量（流量）、実験に用いた容器の大きさ、測定した空間の寸法などを記録しておく必要がある。

① **生ごみ臭の発生量の測定方法**

生ごみ臭の発生量を測定した事例を紹介する[4]。生ごみの貯留方法の現状を考慮すると、台所に漂う生ごみ臭としては、蓋付ごみ箱のように密閉容器の蓋を開けたときに発生する臭気と、シンク内など常に空気に触れる状態で置かれ、発生する臭気の2通りが想定できる。

そこで、密閉容器に生ごみが貯留されていることを想定し、密閉状態で貯留しておき、測定時に清浄な空気を送り込み、生ごみ臭を採取・測定する方法により発生量を求める（図6-6）。この方法では、採取前に密閉容器にたまっていた臭気と臭気採取の通気時に、ごみ層から新たに発生する臭気を捕集している。そのため、発生量を求める際には、採取

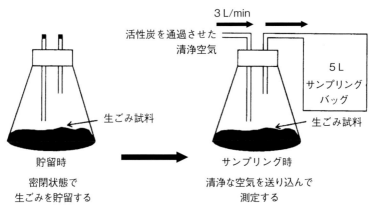

図6-6 生ごみ臭の採取方法（密閉貯留想定）

臭気について、あらかじめ密閉容器中にたまっていた臭気と新たに発生した臭気の寄与に関して検討する必要がある。また、試料を容器に入れて密閉し、臭気採取を行うまでの時間や容器の大きさについては、取扱いしやすい大きさの容器で、平衡状態に達してから臭気試料を採取する必要がある。流量と採取量については、採取試料の濃度が臭気濃度測定の可能な範囲にあるように考慮し、測定に必要な量を決定する。

開放状態で生ごみが置かれると仮定した場合は、図6-7のように、常時1L/minの清浄な空気を送り込み、流路途中から臭気を採取して測定する方法を用いる。

②**尿臭の発生量の測定方法**

尿管用排液バッグからの漏出臭の発生量を測定した例を紹介する[2]。発生源が比較的大きい場合には、図6-8に示すように発生源をチャンバーに入れ、チャンバー内に無臭空気を送り、臭気試料を採取する。今回事例として取り上げた尿管用の廃液バッグからの漏出臭の発生量測定では、20Ｌアクリルチャンバー内に尿を貯留した排液バッグを留置し、無臭空気用ポンプで無臭空気を$0.09 \text{ m}^3/\text{h}$の速度で流し、排出口から出てくる臭気を採取し、臭気濃度を求めて臭気発生量を算出した。臭気濃度が低いと予想される場合には、臭気採取の流量を低流量にするなどの工夫が必要である。

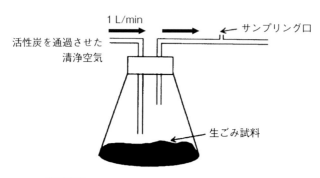

図6-7 生ごみ臭の採取方法（通気貯留想定）

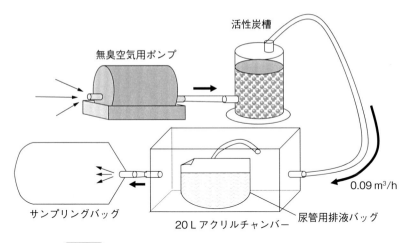

図6-8 尿管用排液バッグからの尿臭発生量の測定方法

(2) 室内の臭気発生量の測定事例

　室内の臭気の中で、発生量が求められているおもな臭気について紹介する。

①たばこ臭

　環境たばこ煙は喫煙者が吸入した煙（主流煙）の吐出煙（呼出煙）とたばこの先端から出る煙（副流煙）からなる。吐出煙は、副流煙のわずか1％程度であるといわれているが、室内におけるたばこ臭もほとんどが副流煙の寄与によるものである。1人が喫煙するときに発生する副流煙の臭気発生量が求められており、臭気発生の最大時に、1.5×10^2（m³/min）である[5]。

②生ごみ臭

　図6-6、図6-7の方法を用いて生ごみが蓋付き容器に入れられている場合に蓋を開けたときに発生する臭気と、シンク内のように、常時空気に触れた状態で置かれた場合に発生する臭気の発生量が、生ごみの表面積当たりで求められている。住宅内での貯留状態を想定して求めた臭気発生量の最大値は、蓋付き容器を開けたときに新たに発生する臭気が

1.1×10^2（m³/cm²/h）、常に通気状態に置かれているときに発生する臭気が1.0×10^2（m³/cm²/h）である[4]。

③調理臭

家庭で調理する場合に不快性が高い、焼き肉調理時に発生する臭気の発生量が求められており、キャベツ炒めが1,530 m³/h、ハムを焼いたものが3,600 m³/hであるのに対して、焼肉のたれをつけたハムを焼いたものが9,900 m³/hである[6]。

④排泄物臭

高齢者介護におけるおむつ交換時の臭気発生量として、おむつに付着した高齢者の排泄物からの臭気発生量が求められている。臭気濃度の最も高い試料で460 m³/min、最も低い試料で1.46 m³/minである[3]。

図6-8の方法で尿管用排液バッグからの漏出臭（尿臭）の臭気発生量が求められている。図6-8の排出口の臭気濃度が230であり、この値に採取時の流量（0.09 m³/h）を乗じると、臭気発生量は20.7 m³/hとなる[2]。

⑤ペット臭

ペットショップのゲージ空間内の臭気濃度からペット臭の発生量が求められている。壁面やエアコンなどからの臭気は考慮せず、ゲージ空間の臭気をすべてペットから発生したものであると仮定して求められたものである。また、ゲージ空間内のペットは犬と猫であるが、犬と猫が同等の臭気発生量であるとして求めている。ゲージ空間内の換気量と臭気濃度、ペット数から臭気発生量を求めた結果は**図6-9**のとおりである。図6-9はペット1匹あたりの臭気発生量を示しており、平均で1匹あたり1,494 m³/hである[7]。

6-2-3　室内の臭気を指標とした必要換気量と換気計画

（1）たばこ臭

たばこ臭は、喫煙所などに設置する分煙機では臭気を取り除くことが

第6章　室内の臭気対策事例

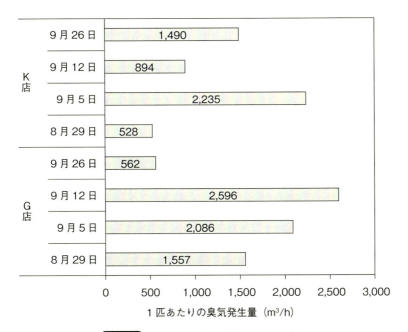

図6-9　ペット1匹あたりの臭気発生量

難しく、臭気が室内に充満しやすい。このような臭気の場合、換気によって臭気を低減することが重要になってくる。1人の喫煙者が喫煙しているときのたばこ臭が室内に拡散し、完全混合、平衡状態にあると仮定した場合の必要換気量を算定する。臭気発生量は6-2-2項（2）のデータを用い、基準値については第3章3-3節のデータを用いる。第5章5-2-4項（1）の必要換気量の算出式から、たばこ臭に対する必要換気量を求めると、30 m³/minとなる。

　この値を1時間あたりにすると、1,800 m³/hとなり、調理時に使用するレンジフードの風量300〜500 m³/h程度と比較するとよくわかるが大風量といえる。この値から考えると、たばこ臭に対して換気対策だけで対応することは難しいといえる。また、たばこ煙については、換気により一酸化炭素などのガス状の空気汚染物質濃度は低下しても不快感が残ることがよくあり、臭気に対しては他の対策と組み合わせた対応が望ま

れる。

　一般に行われているたばこ臭対策の代表的なものとして、空気清浄機、たばこ用消臭剤、芳香剤などがあるが、空気清浄機を用いる場合にはたばこ臭を対象とした機種で、空間の大きさに適したものを選定することが重要である。消臭剤、芳香剤などは感覚的な消臭効果が期待できるものもあり、たばこ臭を対象とした場合の必要換気量を低減ができる可能性がある。ただし、消臭剤、芳香剤からは化学物質が発生すること、付加する香気が強くなりすぎないことに注意する必要がある。

　また、たばこ臭対策を検討する場合には、室内の壁面などへ臭気成分が吸着することを考慮して対策を講じる必要がある。

(2) 生ごみ臭

　生ごみ臭対策としては、6-1-1項のとおり、生ごみの貯留時の室温や生ごみの水切り状態にも留意することで、臭気をある程度抑制できる。発生源管理として、生ごみの腐敗を防ぐことで臭気の発生を抑制し、建物内に貯留している間、生ごみを入れる容器から漏出する臭気の量を抑え、最終的に容器から漏出した臭気を換気によって除去するという総合

図6-10　生ごみ貯留時の生ごみ臭対策の考え方

的な対策が望ましい（図6-10）。

　換気計画としては、生ごみ臭の場合は、生ごみの貯留場所に臭気が滞留することが考えられるため、局所換気などの工夫を行うとより効果的である。

（3）調理臭

　調理臭対策としては、換気による除去が適しているといえる。調理時に局所排気なしで室内へ臭気が広がったとし、5-2-4項（1）の必要換気量の算出式に、6-2-2項（2）の調理臭の発生量と、日本建築学会臭気規準の調理臭の基準値[8] 臭気濃度13を代入して必要換気量を求めると、最も発生量の多いたれ付きのハム炒めで、762 m^3/h となる。

　調理臭に対する不快感は、調理中よりもむしろ調理後に残留した臭気によってもたらされる場合が多いことから、できるだけ室内に臭気が残留しないように、調理場所での局所換気が重要であり、レンジフードの捕集率をあげる必要がある。また、室内に臭気が残留したときを想定し、壁面などへの臭気の付着にも配慮が必要である。

　近年、調理時の熱源がガスだけでなく、IHの場合が増えているが、図6-11のとおり、調理熱源がガスかIHかでも室内への調理臭の広がり方が異なるため、換気計画も熱源に応じて立てる必要がある[9]。熱源の真上に設置されるレンジフードが使用されていない状態では、ガスの場合には、強い上昇気流が生じ、におい物質も上昇気流に乗り、すばやく天井面へ上がり、熱源（調理場）から遠い位置まで流れていく。

　一方、IHの場合には、ガスほどの強い上昇気流がなく、におい物質が一気に天井面に上がるというわけではなく、熱源（調理場）付近に滞留しやすい。

　また、熱源の真上に設置されるレンジフードは、それぞれの熱源に応じたものを選択したほうがにおい物質の捕集も効率的であり、室内へ残留する調理臭を抑えることができる。

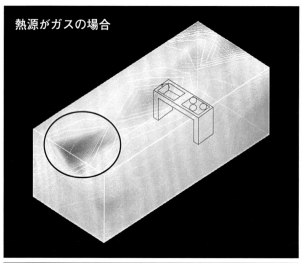

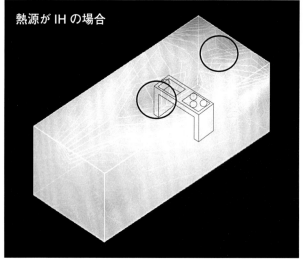

図6-11 熱源がガスとIHの場合の焼き肉調理臭の室内での分布
(注) 色が濃いほど、においが濃いことを示している

（4）介護臭（高齢者介護のおむつ交換時の臭気）

　高齢者施設や病院で、最もなくしたいにおいであるおむつ交換時の臭気が室内に広がったとして、5-2-4項（1）の必要換気量の算出式から必要換気量を求めると、次のようになる。

　施設で行われているおむつ交換に要する時間を測定したところ平均2分程度であり、長くても3分以内に終了していた。おむつ交換時の所要時間を3分間とし、最も多い臭気発生量460 m^3/minから1回のおむつ交換時に発生する臭気量を求めると、1,380 m^{3}の無臭空気で希釈すると無臭になる臭気が発生していることになる。高齢者施設の居室の臭気の基準値[8]として臭気濃度8を用いると、1回のおむつ交換に要する必要換気量は172.5 m^3、1分間あたりにすると57.5 m^3/minとなる。おむつ交換時に発生する臭気が室内へ広がった場合、たばこ臭同様、換気のみで対策を行うことは容易ではないことがわかる。

　4床病室において、おむつ交換時におけるベッド周囲のにおいの分布を把握した6-2-1項の例から、おむつ交換時の臭気も、一旦室内へ広がった場合には、対策がしにくい。おむつ交換時の臭気についても発生源付近で、空気清浄機などを用いて捕集し除去するか、局所換気により速やかに室外へ排出する方法が有効である。

6-3 脱臭（調理臭の調湿建材を用いた対策）

　6-2-3項からわかるとおり、一旦、室内へ広がった臭気を換気のみで低減するには、大風量の換気を必要とし、現実的ではない場合が多い。大風量の換気のみによる対策は室内の冷暖房負荷がかかり、エネルギー面からも有効な対策とはいい難い。本節では、IH調理時の、調理臭を対象とした必要換気量削減のための臭気対策として、室内の内装材に着

目した事例を紹介する[10]。

室内の内装材に、脱臭機能を有する調湿建材を用いた場合の、室内への調理臭の残留状況を測定した。具体的には、15畳大のLDKを想定した実験室（換気回数0.5回/h）において、IHで焼き肉調理を行い、主成分を多孔質ケイ酸化合物とする調湿建材を設置したときの脱臭性能を評価した。実験室の壁・天井をガラスとして、レンジフードを運転しない条件に対して、レンジフードを運転した条件と、レンジフードを使用せず調湿建材を壁または天井に設置した条件の4条件を比較した。脱臭性能として臭気低減率を脱臭率として求め、各条件で比較した。図6-12に各条件の臭気濃度の経時変化を示す。レンジフードなしに対して、レンジフードありと調湿建材天井設置とは調理直後から3時間後までで有意差が認められた。すなわち、レンジフードありと調湿建材天井設置は、レンジフードなしに対して有意に室内の臭気濃度が低いといえる。調理直後の脱臭率は（6-3式）から算出できる。

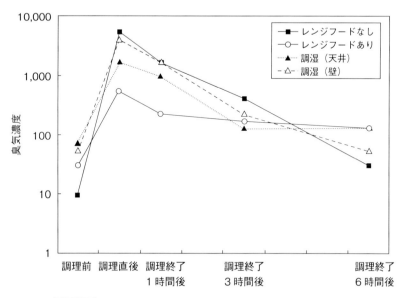

図6-12 調湿建材を用いた室内の調理臭の臭気濃度の変化

脱臭率（％）

$=$ ｛（レンジフードなしの調理直後の臭気濃度−各条件の調理直後の臭気濃度）／レンジフードなしの調理直後の臭気濃度｝×100

(6-3式)

　天井に調湿建材を設置した条件では、脱臭率69％であり、調理中にレンジフードを運転した条件の脱臭率90％より低くなった。しかし、各条件において、調理前の臭気濃度と調理直後、1時間後、3時間後、6時間後の臭気濃度の差の検定を行い、どの時点で調理前の臭気濃度と有意差がみられなくなるか検討すると、調湿建材の優位性がみられた。レンジフードなしとレンジフードありでは、6時間後も調理前と5％水準で有意差がみられるが、調湿建材を天井に設置した条件では3時間後に、調湿建材を壁に設置した条件では6時間後に調理前と有意差が認められなくなった。すなわち、室内の臭気濃度が調理前までに回復する時間は、調理中にレンジフードを使用した条件よりも調湿建材を設置するほうが短くなった。このことから、調湿建材は室内へ残留した臭気の脱臭に有効であることが示唆される。

6-4 感覚的消臭対策事例

　第5章で詳細に説明しているように、臭気除去法は大きく「感覚的方法」「生物的方法」「化学的方法」「物理的方法」の4種類に分類される。それぞれに一長一短がある中、室外環境中で臭気が拡散する傾向にある場合、どのような臭気対策が有効であるかを考慮すると、感覚的方法が優位であることが示唆される。

　アクリル酸から誘導されるメタクリル酸エステル類の臭気緩和法について検討した例を紹介する[11]。特にメチルメタクリレート（MMA）の

重合物はアクリル樹脂といわれ、水族館の水槽、歩行者用誘導ブロック、床材のコートなど、幅広い分野で多用されている。しかし、施工時の臭気が作業者および近隣住人に対して問題視され、緩和策が求められている。室内外の作業時での臭気対策として感覚的方法が有効であることから、天然精油による臭気緩和法について検討した。実験方法の概略

- 無臭空気3Lを入れたにおい袋内に、MMAおよび精油を含浸させたにおい紙（10 mm）を入れ、一定時間放置
- におい紙への含浸量：10μL
- 3Lバッグの放置時間：10分、30分、60分
- 評価法：パネル6名による官能評価法
  ①6段階臭気強度、②9段階快・不快度について評価

図6-13 天然精油によるMMA臭の緩和実験方法

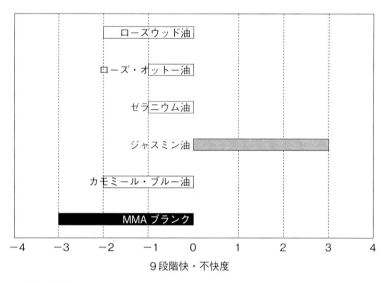

図6-14 MMA臭にフローラル系精油を使用した場合の快・不快度

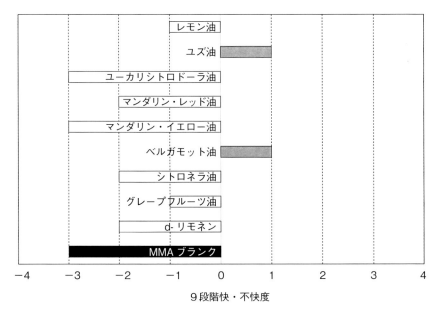

図6-15 MMA臭に食物系精油を使用した場合の快・不快度

は図6-13のとおりである。

図6-14にフローラル系精油を使用した場合、図6-15に食物系精油を使用した場合の快・不快度の変化を示す。図6-14のジャスミン油が快側へ大きくシフトし、図6-15のユズ油、ベルガモット油も快側へ移行したことがわかる。MMAのブランク値は「-3」であるため、ジャスミン油では6段階、およびユズ油とベルガモット油では4段階の改善効果が出ていることになる。また、ブランクと変わらない精油類も見受けられる。不快性の軽減を狙い、においを付加しているため、臭気強度では、いずれの精油の場合も、顕著な変化は認められなかった。なお、これらの精油類は溶剤の代表でもあるトルエン臭に対しても顕著な効果が認められる。

6-5 身近な臭気の対策

6-5-1 住宅内の臭気対策

　発生原因をしっかりと認識することから、臭気対策が始まる。

　対策の基本事項を**図6-16**にまとめた。図6-16中の1～4はカビ・細菌が生存するための条件に相当する。

　住宅内でのにおいの発生場所を**図6-17**に示す。以下に、室内で特に不快臭が発生しやすい箇所について説明する。

（1）トイレ

　トイレの臭気の発生原因を**図6-18**にまとめて示す。不特定が使用する男性用トイレでは、便器中に使用済みの氷を入れて温度を下げることで、細菌の増殖が抑制できるため臭気の発生防止につながる。

　汲み取り式トイレの場合は、アンモニア臭が問題になる。現代社会では多くの家庭が水洗式トイレで、発生する臭気も複雑化している。しかも発生量が多く、換気扇では対応しきれない場合もある。発生するにお

　1、カビ・細菌（バクテリア）⇒ 発生させない
　　　カビ、細菌の栄養素になるものを除去

　2、湿気・水分 ⇒ 乾燥させる

　3、温度 ⇒ 冷却する
　　　夏と冬、においが気になるのはどちらか？

　4、空気（酸素）の遮断 ⇒ カビ発生の防止

　5、発生したにおいをどうするか？

図6-16 身近な臭気対策の基本事項

第6章 室内の臭気対策事例

図6-17 家庭内でのにおいの発生場所

1. 糞便臭 ⇒ 直後の臭気が問題

    悪臭の正体：インドール、スカトール、アンモニア、硫化水素、
    　　　　　　揮発性アミン、酢酸、酢酸などといわれた
    「現在」：メチルメルカプタン、硫化水素、ジメチルスルフィド、
    　　　　　ジメチルスルフィドなどの硫化物
    　　　　　⇒⇒ <u>市販エアゾル品はかなり有効</u>

2. 尿 ⇒ スプラッシュ（男性による飛び散り）

    代表的な尿成分：<u>尿素</u>、尿酸、クレアチニン他
    　　　　　　　　↓　酸化・バクテリア・酵素の作用
    アンモニア、低級脂肪酸、ケトン類が生成
    （排尿量：成人でおよそ 1.5L/ 日）

図6-18 トイレのにおいの発生原因

い物質としては図6-18中にも記載したように、メチルメルカプタン、硫化水素などの硫化物臭が問題になっている。さらに、男性の場合にはスプラッシュ（尿の飛散）による便器以外の床、壁などへの飛沫の付着によって、そこからアンモニア以外の臭気も発生してくる。したがって、尿の飛沫はすぐに拭き取ることが重要で、合わせてアルコール殺菌（ポンプ式スプレーなどを使用）を行うと効果的である。

（2）台所

　台所のにおいの原因と対策の一例を**図6-19**にまとめて示す。食材の保存（調理後の食材も含む）や使用食材を廃棄する場合、それらを保存する入れ物（容器、フィルム品など）に注意をしなければならない。第5章5-3-3項（1）で説明したとおり、一般的にプラスチック（樹脂）は

調理時に発生するにおいは、たばこ臭と同様ににおい分子および
粉子状物質に付着・吸収され広がる

　　⇒ 水蒸気、油煙の中にもにおい物質が含まれる
　　　空間部を漂い、天井、壁、家具等に極めて付着しやすい

●レンジフードのファンを強めに回し、においを広げない
　　　　⇒ このとき、外気を取り入れる室内での位置に注意する

●グリル調理による焼き魚をどうするか？
　　　においと油汚れ対策 ⇒ 受け皿の水に、水溶き片栗粉を入れ、
　　　　　　　　　　　　　　　そこに油分を落とす
　　　　　　　　　　　　　⇒ 冷えるとゲル化し固まる
　　　　　　　　　　　　　⇒ そのまま廃棄可能

●食材の保存をどうするか？
　　　ポリ袋に入れても、すぐににおいがしてくる　　⟹　なぜなのか？
　　　ポリ容器に入れると、容器がくさくなる　　　　　（図5-9参照）

図6-19　調理臭（食材を含む）の発生原因と対策

化学物質（分子）を吸着しやすく、引き続き内部に入り込む収着現象が生起し、最終的に透過に至る。すなわち、プラスチック類はにおい物質を透過しやすいということを理解し、どのような材質が遮断性に優れるのかを考えなければならない。例えば、ポリプロピレン（PP）製容器や袋類（市販菓子袋などを利用できる）はにおい分子を透過し難く、食材や廃棄する生ごみの一時保存に適している。これに対して、最も一般的なポリエチレン（PE）は、におい分子を透過し易い性質を持つため、においを遮断する目的での使用には不適である。

図6-20に調理時の一般的なレンジフードの使用状態を示す。図6-20では、調理臭、煙、水蒸気などが効率よく吸引されている。近年、焼き肉店の店内環境が極めて良くなっている。これは、グリル部から強力に調理臭などを吸引し、油煙・におい等を拡散させていないことに起因している。このことは、屋内外にかかわらず臭気対策で最も重要な点で、においが広範囲に広がる前に発生源近傍でいかに対応するかである。

図6-20 レンジフードの使用状態

次に、図6-21の台所のシンク部、および近年広まりつつあるシンク部設置型のディスポーザ（生ごみ粉砕機）について説明する。

　ディスポーザの目的は、食材のすべてを高速回転刃によって粉砕し、直接下水へ流すことである。利点は調理後に出る廃棄食材（生ごみなど）の一時保存を回避できることである。特に、夏場の生ごみ保存時に発生する悪臭（メチルメルカプタン、低級脂肪酸類、トリメチルアミン等）からの解放、さらにはごみ処理施設までの運搬時における悪臭の拡散防止など、得られる利点は多々ある。しかし、一方では、夏場に生ごみを放置すると腐敗するという現実を忘れ去り、シンク内へ捨てるという行動が日常になる。排水中に大量の栄養分が含まれた場合、下水処理場への負荷が増加し、処理能力（活性汚泥法）が限界点に達するという問題点を含んでいる。

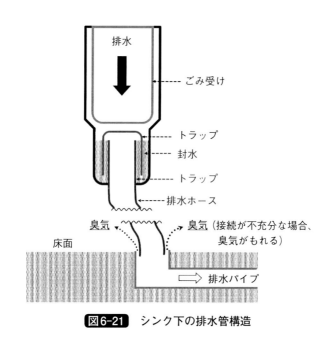

図6-21 シンク下の排水管構造

第6章　室内の臭気対策事例

(3) 浴室

浴室の場合、排水口からのにおい（硫化水素などに起因するドブ臭といわれていた）が原因であるとされていたが、近年、壁や床に飛び散ったまま残された石けんカス、体表からのアカなどが細菌の働きで分解され、におい物質が産生し、これが不快臭になっていることがわかってきた。

最善の対策は、浴室使用後に水分を可能な限り除去（拭き取り）することである（細菌の活動を抑制）。また、乾燥機能付きの場合は、こまめなフィルター清掃が重要となる。浴室内は湿度が高くなる傾向があり、フィルター上での細菌・カビなどの増殖が活発になるため、注意が必要である。

6-5-2　体臭の対策

(1) 汗臭の発生

ヒトの皮膚表面には、表6-1に示す3種類の汗腺が存在する。

汗に関連するにおいとして、第1章でも述べたとおり、鉄棒をした後、手のひらを「鉄くさい」と感じるかもしれないが、鉄自体ににおいは存在しない。鉄原子が空中を浮遊して嗅覚受容体に達することはありえない。図6-22に示した皮脂成分である不飽和脂肪酸は、汗中に存在する鉄（II）を触媒にしてC8ケトン化合物に酸化分解される。これらのビニルケトン化合物が、通常いわれている鉄臭に相当するのである。

(2) 足臭の対策

靴、下駄箱の主たるにおい物質は、イソ吉草酸といわれる低級脂肪酸である。足のにおいは男性のものと考えられていたが、昨今女性がブーツ類を多用するようになり足臭を気にするケースが増えてきている。革靴の中でもブーツ類は、湿気がこもりやすく、細菌が増殖する条件（温

197

表6-1 ヒトの皮膚表面にある汗腺

汗腺	特徴
エクリン汗腺	・体温調整のために、汗を分泌する ・アンモニア、乳酸などを含有し、乳酸よりジアセチルが皮膚常在菌によって産生する
皮脂腺	・分泌される脂分（脂肪酸とグリセリンのエステル化合物：トリグリセライドなど）は、皮膚表面のバリア機能、乾燥防止に重要である ・トリグリセライドは皮膚常在菌によりC14～C18に相当する脂肪酸に分解される ・手のひら、足のかかとにはほとんど存在しない（足のかかとが「カサカサ」になりやすいというのも、皮脂腺の有無に関係している）
アポクリン腺	・腋の下などに局在化している（進化する以前は全身に存在し、分泌物は異性を引き付けるフェロモン的役割があったとも言われているが進化と共に退化し始め、現在は身体のごく一部に残っているのみ） ・現状では腋臭（ワキガ）として悪臭（不快臭）扱いされる場合が多い

皮脂成分：リノール酸、リノレン酸（C18の不飽和脂肪酸）

皮膚常在菌で酸化 ⇒ 1-Octen-3-one：閾値100ppb

Cis-1,5-octadien-3-one：閾値10ppb

<u>鉄臭</u>：これらのビニルケトン化合物

図6-22 鉄臭の発生原因と鉄臭物質

度・湿度・栄養素）を兼ね備えている。

予防法は、一足を履き続けないこと、脱いだら下駄箱にすぐしまわず湿気を除去できる環境に置くこと、さらに市販アルコール製剤（殺菌剤として市販）を靴内部にスプレーし（またはコットンなどに染み込ませ、靴のつま先部分に置く）、衛生さを保つことである。なお、足自体を清潔に保つことが基本である。

（3）衣類の臭気の発生原因と対策

　衣類に関するにおい問題は、寝具、下着、上着、靴下（靴に関連する）など、根本にあるのは身体から発生する不快臭になり得る物質に起因する。皮膚からのタンパク質、汗腺からの皮脂分・汗成分などが皮膚常在菌によって酸化分解されて産生されるのが体臭である。

　日常生活で体表面から代謝される物質は、それ自体がにおう場合と皮膚常在菌によってにおい物質に転換される場合がある。それらの物質は当然、体表面から着衣へと移動する。例えば、不快臭ではない皮脂類が衣服の繊維に吸着・収着すれば、細菌によって酸化分解され繊維上に不快臭が産生され、着衣がにおうことになる。

　図6-23に衣類などを洗濯するときに気を付ける点をまとめた。基本的には、洗濯前⇒洗濯時⇒洗濯後に分けて考える。「どこの汚れを落とすのか」を考えた場合、衣類の外側か内側かに分けられる。特に下着類

<u>洗濯の工夫</u>

1、洗濯前
　・溜め置かない
　・洗濯槽に入れて保存しない

2、洗濯時
　・洗剤を選別する（粉 ⇒ 液体 ⇒ 濃縮型と変化してきた）
　・衣類に洗剤を残さない
　・柔軟剤はどうなのか？
　　　⇒ 栄養源にもなり得るので注意
　・洗濯物を裏返すか裏返さないか？
　　　⇒ どこの汚れを落とすのか？

3、洗濯後
　・すぐに干す（乾燥機の利用）
　・生乾きにしない
　・洗濯機自体の乾燥も行う ⇒ 乾燥機能付きは有効

モラクセラ菌で臭気発生！
↓
（4-メチル-3-ヘキセン酸）

カビ・バクテリアの増殖をいかに抑制するかを考える！

図6-23　洗濯の工程における注意点

（靴下も含む）は、肌との接触面に皮脂類の付着が顕著になるため、汚れが集中し易いことを意識して洗濯をしなければならない。

次に、衣類などの収納について考える。一例を図6-24に示す。

衣替えのとき、出した衣類がにおうのは、繊維中に残留していた皮脂などが細菌によって分解され、不快臭となって衣類中に蓄積されたためである。対策の1つは、洗濯時などにいかに細菌を抑えるかである。

洗濯用洗剤とともに、消費が多くなっているのが柔軟剤である。そもそも洗剤・柔軟剤の目的は、汚れを落とし繊維の肌触りを良くすることである。しかし、商品を選ぶ場合、特に20代、30代の女性では洗剤などのにおいを優先して購入する傾向が強いとされる。その結果、洗剤・柔軟剤のにおいによって健康被害が発生するという事態が生じた。においがしたり、においの付ける製品などは嗜好品であるため、特別な制限を受けるわけではないが、「アレルギー・喘息・ストレス・湿疹・うつ」などの症状を訴える人が増加してきた。そのため図6-25のように、国民生活センターは使用法などに注意するよう呼びかけている。

6-6 最新技術紹介（高温消臭器、木材空気清浄機）

本節では、著者らが進めている物理的方法としての吸着法と、化学的方法としての触媒酸化法の最新研究についての概略を紹介する[12) 13)]。

6-6-1 物理的方法：スギ・ヒノキの天然材の臭気除去能力（空気清浄機への適用）

（1）実験方法

実験には、木材（スギ、ヒノキ）を輪切りにし（切り口、周囲は平滑

空気の流れを作ること

⬇

1、密閉にする、しない？
2、詰め込む、詰め込まない？
3、畳む、畳まない？
4、重ねる、重ねない？

・<u>しまい込んだ下着を出してみた</u> ⇒ <u>何かにおう！</u>
　原因：下着などに皮脂が残留 ⇒ 徐々に不快臭へと変化
　対策：<u>細菌の働き</u>を抑える ⇒ 対策の例
　　⬇　　　　　　　　　・洗濯時に漂白剤を使用
<u>原因菌 ⇒ モラクセラ菌</u>　・収納時にエタノールを使用

図6-24　衣類の収納時のにおい発生原因と対策

柔軟剤の使用について

2013年9月19日木曜日
国民生活センターがプレス発表
"柔軟仕上げ剤のにおいに関する情報提供"（危害情報）

<u>相談件数の推移</u>：　2008年　　　　14件
　　　　　　　　　　2012年　　　　65件（8月33件、内18件）
　　　　　　　　　　2013年8月　　 38件（内27件）⇒ 430件
　　　　　　　　　　2014年　　　　215件
　　　　　　　　　　2015年　　　　180件

感覚的な被害と考えられていた臭気(におい) ⇒ 健康被害

図6-25　柔軟剤などのにおいによる健康被害に関する相談

化処理し、縦16.5 cm、横28.5 cm、厚さ2.5 cm)、試験片として使用した。20 L容量の固形物用の臭気採取用袋に試験片を入れ、さらに所定量の濃度調整したにおい物質を入れ、吸着による臭気除去試験を開始した。

(2) 実験結果

図6-26に酪酸、図6-27にトルエン、表6-2にアンモニアの試験結果をそれぞれ示す。表6-2には、試験後の試験片の脱着試験を行った結果も記している。

掲載データはスギ材に関するものであるが、ヒノキ材の場合も同様の結果が得られている。表6-2から明らかなように、アンモニアの場合、約500 ppmの初期濃度が30分経過で10 ppmに減少（除去率98 %）し、除去速度が極めて速いことがわかる。また脱着試験から一度除去されたアンモニアはフィルターから脱着され難いこともわかる。

低級脂肪酸の酪酸に対しても、効果的な除去性能を有している。ま

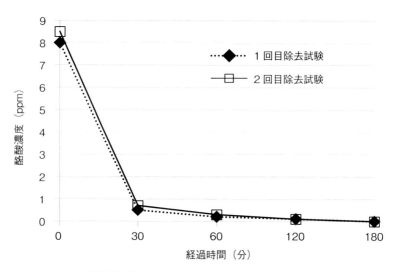

図6-26　酪酸の除去試験（2回反復結果）

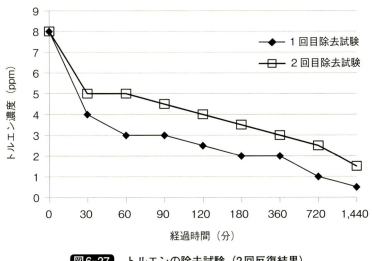

図6-27 トルエンの除去試験（2回反復結果）

表6-2 アンモニアの除去試験および脱着試験

吸　　着		脱　　着	
経過時間（分）	アンモニア濃度（ppm）	経過時間（分）	アンモニア濃度（ppm）
0	510	0	0
30	10	30	0.2
60	3	60	0.2
120	1.4	180	0.2
180	1	－	－

た、この他、ホルムアルデヒドなどの低級アルデヒド類にも効果的であった。しかし、溶剤の1つであるトルエンの除去性能は遅効的である。

6-6-2 化学的方法：半導体型酸化触媒の臭気除去能力（高温型消臭器の開発）

（1）実験方法

実験には酸化触媒を添着したシリカ系ハニカム状フイルター（24 cm×30 cm×56 cm）を用いた。装置概略を図6-28に示す。

（2）実験結果

一例として、トルエンの連続分解実験を行った結果を図6-29に示す。反応条件は、触媒装置を設置した約55 m^3の密閉空間を、約65 ppmのトルエン濃度に調整し、装置を13時間連続運転した。種々のにおい物質に対する除去性能も調べたが、他の物質もトルエン同様、極めて優れた除去性能を示した。

本反応の特徴は、反応過程で反応中間体および副生成物がまったく検出されず、二酸化炭素、水にまで完全分解され、臭気除去に対して極めて有効な方法であることがわかる。除去メカニズムは、図6-30に示したように光触媒反応と同様な形態をとると思われる。両者での大きな相違は、触媒の活性化エネルギーが光であるか、熱であるかである。光触

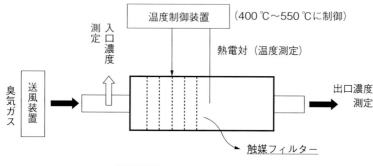

図6-28 酸化分解装置概略

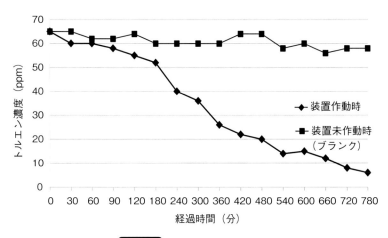

図6-29 トルエン濃度の変化

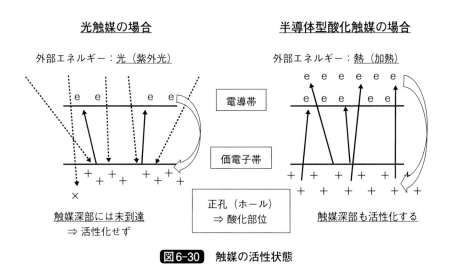

図6-30 触媒の活性状態

媒は紫外光が当たる表面反応であるのに対し、酸化触媒は加熱される触媒層全体が反応にかかわるため、反応効率は1,000倍以上にも達する。

　高温型消臭器は、臭気除去方法として室内外を問わず応用展開ができる可能性がある。

〈参考文献〉

第1章

1) 永田好男，竹内教文：三点比較式臭袋法による臭気物質の閾値測定結果，日本環境衛生センター所報，17，77-89，1990

2) 川崎通昭、堀内哲嗣郎：嗅覚とにおい物質、社団法人におい・かおり環境協会、2006

3) 飯田 悟，一ノ瀬 昇，五味 哲夫，染矢 慶太，平野 幸治，小倉 実治，山崎 定彦，櫻井 和俊：体臭発生機構の解析とその対処（1）、日本化粧品技術者会誌、37，No.3，195-201，2003

4) 環境省HP、www.env.go.jp/hourei/10

第2章

1) 五感インターフェイス技術と製品開発事例集、技術情報協会（2007）

2) Newton、DNA生命を支配する分子、ニュートンプレス（2008）

3) 岩堀修明：図解・感覚器の進化、講談社ブルーバックス（2011）

4) 東原和成：（2007）、香りを感知する嗅覚のメカニズム、八十一出版

5) 社団法人バイオ産業情報化コンソーシアム：平成17～19年度モデル事業「ゲノム情報総合プロジェクト」事業報告書，2008

6) 大瀧丈二：（2005）、嗅覚系の分子神経生物学、フレグランスジャーナル社

7) Buck, L. and R. Axel, Cell, 65, 175-187, 1991

8) http://idsc.nih.go.jp/iasr/18/207/dj2077.html

9) 環境省HP、www.env.go.jp/hourei/10

10) 永田好男，竹内教文：三点比較式臭袋法による臭気物質の閾値測定結果，日本環境衛生センター所報，17，77-89，1990

11) 厚生労働省HP、http://www.nihs.go.jp/mhlw/chemical/situnai/sickindex.html

12) 萬羽 郁子、棚村壽三、光田恵：若年層と中高年層のたばこ臭評価の比較、日本建築学会大会学術講演会研究発表梗概，D-2，653-656，2017

13) 川崎通昭、堀内哲嗣郎：嗅覚とにおい物質、社団法人におい・かおり環境協会、2006

14) 光田恵，磯田憲生，久保博子，梁瀬度子：生ごみ臭の許容レベルに関する研究，日本建築学会計画系論文報告書，475，35-40，1995

15) 磯崎 文音，光田 恵，棚村 壽三：硫化メチルの濃度差における臭気質変化に関する研究、におい・かおり環境学会誌、48（2）、130-139、2017

16) 光田恵，棚村壽三：周囲環境と人体影響の計測－室内のにおいの測定と評価－，人間工学，51（3）、183-189、2015

第3章

1) 乾正雄：やわらかい環境論、海鳴社、1991

2) 梶 秀樹：生活環境に対する住民満足感の構造に関する研究、日本建築学会論文報告集 165（0），77-84，1969

3) 中根 芳一，大倉 良司，横田 圭，米谷 ふみ子：居住環境の総合評価に関する基礎研究（その2）、日本建築学会大会学術講演梗概集、49（計画系）、75-76、1975

4) 飯田 勝幸，石本 正明，阿部 弘：自由回答方式による住民の生活環境評価について、日本建築学会北海道支部研究報告集（47），373-376，1977

5) 光田 恵，山崎 古都子，大迫 政浩，西田 耕之助：生活環境の中のにおいに対する居住者の意識に関する研究、家政學研究 38（2），152-162，1992

6) 安達 武宗，光田 恵：生活環境の中のにおいに対する居住者の意識に関する研究：大津市における平成2年度と平成12年度の調査結果の比較、東海支部研究報告集（39），529-532，2001

7) においかおり環境協会編集委員会：アンケート『身近なにおいやかおりについての調査』調査報告、におい・かおり環境学会誌 40（6），425-437，2009

8) 光田恵、山崎古都子、大迫政浩、西田耕之助：住環境における快適性因子としてのにおい事象について（第5報），臭気学会口演要旨集，22-23，1992

9) 光田 恵，宮井 克典，吉野 博，池田 耕一：高齢者施設内の臭気に関する調査，日本建築学会東海支部研究報告集，第38号，pp457-460，2000

10) 環境省HP、www.env.go.jp/hourei/10

11) 社団法人日本建築学会：室内の臭気に関する対策・維持管理規準・同解説、2005

12) M.Mitsuda, M.Osako and N.Isoda：A Comparison ofOdor Evaluation Indicators Based on Odor Threshold Value and Those Based on Unpleasantness of Body Odor, and Their Effectiveness in the Management of Indoor Air Quality, Journal of the Human-Environment System, Vol.1

No.1、65-71、1997

13）光田恵，棚村壽三：周囲環境と人体影響の計測－室内のにおいの測定と評価－，
人間工学，51巻，3号，pp183-189，2015

第4章

1）環境省HP、www.env.go.jp/hourei/10
2）日本建築学会：室内の臭気に関する対策・維持管理規準・同解説、2005
3）日本建築学会：室内の臭気に関する嗅覚測定法マニュアル、2010
4）上野広行、天野冴子：嗅覚測定における欧州規格法と告示法の比較、東京都環
境科学研究所年報、45-50、2007
5）棚村壽三、光田 恵、小林和幸、濱中香也子：調理臭の臭気濃度の経時変化に関
する検討，におい・かおり環境学会誌、42（4）、285-293、2011
6）板倉朋世、光田恵：医療施設における病室内の臭気レベルに関する研究、日本
建築学会環境系論文集、73（625）、327-334、2008

第5章

1）石黒辰吉監修：普及版　防脱臭技術集成、エス・ティ・エス、2002
2）芳香消臭脱臭剤協議会第29回通常総会資料、2016.11.14

第6章

1）光田恵、磯田 憲生、大迫政浩：生ごみ臭の発生特性と影響要因に関する研究
（第1報）、空気調和・衛生工学会論文集、No. 69、19-27、1998
2）板倉 朋世、光田恵：医療施設における尿管用排液バッグからの臭気発生量と臭
気対策に関する一手法の検討、におい・かおり環境学会誌、39（1）、44-50、
2008
3）板倉朋世、光田恵、棚村壽三：高齢者のおむつ交換時における排泄物の臭気特
性に関する研究、日本建築学会環境系論文集、73（625）、335-341、2008
4）光田恵、磯田 憲生、久保 博子、梁瀬度子：生ごみ臭の発生原単位の評価方法
に関する研究、日本建築学会計画系論文報告集、486、35-41、1996
5）西田耕之助、大迫政浩：タバコ臭を対象とした室内必要換気量の評価方法に関
する研究、環境衛生工学研究、5、11-22、1991
6）竹内基展、光田恵、磯田憲生：調理臭を指標とした必要換気量に関する研究、

208

日本建築学会東海支部研究報告集、第37号、557-560、1999

7）光田恵、棚村壽三、浅野幸康、藤井泰樹、久保吉人：ペット臭に関する実測調査－臭気発生量と対策－、人間－生活環境系シンポジウム報告集、36、37-40、2012

8）日本建築学会：室内の臭気に関する対策・維持管理規準・同解説、2005

9）棚村壽三、光田恵、小林和幸：住宅厨房で発生する調理臭の拡散・捕集特性に関する研究、人間－生活環境系シンポジウム報告集、31、69-72、2007

10）棚村壽三、光田恵、佐々木寛篤、小林和幸：室内における調湿建材による調理臭の脱臭性能に関する検討、におい・かおり環境学会誌、41（6）、434-442、2010

11）岩橋尊嗣、光田恵：溶剤臭に対する感覚的消臭法に関する研究（アクリル系臭気の緩和法、日本建築学会大会学術講演会研究発表梗概、D-2，687-688、2017

12）岩橋尊嗣、光田恵：スギ・ヒノキ間伐材の有効利用に関する研究（空気清浄機への応用）、第41回人間 － 生活環境系シンポジウム報告集、211-212、2017

13）岩橋尊嗣、光田恵：半導体型酸化触媒による有機化合物の完全分解、第29回におい・かおり環境学会講演要旨集、66-67、2016

索 引

英数字

β-フェニルアチルアルコール	47
1号規制基準	81, 85
1次喫煙	71
2号規制基準	81, 85, 102
2次喫煙	71
2点識別能力	30
2-メチル-1,3-ブタジエン	18
3号規制基準	81, 85
3次喫煙	71
4-メチル-3-ヘキセン酸	199
5-2法	102
6段階臭気強度尺度	76, 117
9段階の快・不快度尺度	117
ETS	71
Fechner（フェヒナー）の法則	50
Hendrick Zwaardemaker	143
Odor Pair	144
ppm	5

あ 行

悪臭苦情件数	73
悪臭防止法	44, 72, 73
悪臭防止法条文	78
アセトアルデヒド	46
圧点	30
アボガドロ定数	4
甘味	31
アミノ酸	67
アルコール製剤	198
アンモニア	6, 7, 54, 65, 192, 203
イオンチャネル	39
閾希釈倍数	129
閾値分子数	7
異性体	12
イソ吉草酸	7, 44, 47, 198
イソプレン	18
位置異性体	13
遺伝子数	34

色の三原色	29
インドール	56
隠ぺい法	142
うま味（旨味）	31
栄養分	67
エナンチオマー	17
塩基	162
塩素（Cl⁻）イオンチャネル	40
オゾン法	157
オルトネーザル	36
温点	30
温度	67

か 行

介護臭	187
快・不快	97
快・不快度	97
化学的方法	142, 153
化学物質	2
蝸牛管	30
可視光線	27
ガスクロマトグラフ質量分析計	98
ガスクロマトグラフ分析計	122
可聴周波	29
活性汚泥法	148
活性種	162
カビ	67, 147
カルモジュリンタンパク質	40
加齢臭	70
感覚的消臭	137
感覚的方法	142
換気	135
換気回数	137
環境試料	109
環境たばこ煙	71
換気量	137
還元反応	154, 162
官能基	10
官能基異性体	15
官能試験法	74

210

官能評価法	96	個人差	46, 92
含硫アミノ酸	68	骨格異性体	12
偽遺伝子化	34	コンポスト化（堆肥化）	147

さ 行

機械受容器	30	細菌	67, 147, 199
幾何異性体	16	酸化チタン	158
機器測定法	96	酸化反応	154
機器分析法	74	酸素	67
希釈図	90	算定ソフト	89
希釈度	90	三点比較式臭袋法	102
希釈法	97	三点比較式フラスコ法	111
基準値	91	三半規管	30
規制基準	81	酸味	31
規制地域	81	ジアステレオマー	17
気体排出口	102	ジアセチル	65
気体排出口の規制基準	81	ジェオスミン	7
キャビティ	160	塩味	31
嗅覚測定法	74, 96	視覚	26
嗅覚パネル選定試験	47	敷地境界線	76
嗅細胞	38, 39	敷地境界線上の規制基準	81
吸収	149	視細胞	27
嗅神経細胞	39	システイン	68
嗅繊毛	38, 39, 42	シックハウス	44
吸着	149, 194	湿度	67
嗅粘膜	38	室内濃度指針値	46
嗅脳	38	シッフベース	162
鏡像異性体	17	シナプス	38
局所換気	176	篩板	42
空気清浄機	164, 168, 201	脂肪酸類	68
空洞	160	臭気規準	91, 118
口呼吸	36	臭気強度	76, 97
嫌気性細菌	147	臭気指数	76, 102
健康被害	200	臭気指数規制	76
原子	2	臭気測定業務従事者	82
元素	2	臭気濃度	97, 102
検知閾値	11, 44, 117, 128	臭気排出強度	85
検知管法	97, 118	臭気発生量	178
好気性細菌	147	臭気判定士	82
合成香料	18	収着	149, 194
合成ゼオライト	153	シュードモナス菌	70
構造異性体	12	柔軟剤	199
五感	26	周辺最大建物	88
五基本味	31		
呼吸	67		

重量％（wt%）	3
縮合反応	154, 162
受容体タンパク質	39
主流煙	71
消臭剤	166
消・脱臭	136
除去試験	201
触点	30
植物性香料	18
触覚	29
人工酵素	159
水分	67
スカトール	56
スギ	201
生物的方法	142, 147
ゼオライト	152
繊維状活性炭	150
センサー	176
センサー法	118
洗剤	199
セントメーター法	115
相殺作用	143

た 行

ダーウィン	34
ダイナミック・オルファクトメーター法	114
大脳辺縁系	38
ダウンウォッシュ	86
ダウンドラフト	86
脱臭効率	130
脱臭剤	166
脱臭率	188
脱着試験	201
たばこ臭	71, 181, 182
タンパク質	67
蓄熱式燃焼法	157
注射器法	115
中年臭	65
中和反応	154
中和法	142
超音波法	160
聴覚	29
調湿建材	188

調理臭	182, 185, 187
直焔式燃焼法	157
痛点	30
低級アルデヒド類	68
低級脂肪酸類	68
鉄くさい	8
鉄臭	198
テルペン系アルコール類	20
テルペン類	18
典型七公害	73
天然香料	18
天然ゼオライト	152
透過	149
動物性香料	18
特定悪臭22物質	9
特定悪臭物質	44, 52, 76, 120
吐出速度	86
トランス-2-ノネナール	70
トランス-9-ヘキサデセン酸	68
トリメチルアミン	7, 44
トルエン	7, 46

な 行

生ごみ臭	181, 184
生ごみ処理機	147
におい・かおり環境協会	169
においセンサー法	97
においの質	55, 118
においの種類	65
においの発生量	140
におい分子	2, 3
苦味	31
日本空気清浄協会	168
日本電機工業会	168
認知閾値	44, 117
ニンニク	71
熱分解	161
燃焼	156
燃焼法	156

は 行

バイオミメテック	159
排出口口径	88

索 引

排出口高さ ……………………………90
排出水 ……………………………… 111
排出水の規制基準 ………………………81
排泄物臭 …………………………… 182
バクテリア …………………… 67, 147
ばっ気槽 …………………………… 148
発香団 ……………………………11
発生原因 ……………………………67
発生源管理 ………… 135, 172, 173
鼻呼吸 ……………………………36
パネル選定試験 …………………… 100
半導体型酸化触媒 ………………… 203
光触媒 ……………………………… 158
光の三原色 ……………………………29
必要換気量 ………………………… 139
ヒノキ ……………………………… 201
評定法 ……………………………97
非容認率 …………………… 92, 118
疲労臭 ……………………………65
フォーラーネグレリア …………………43
付加反応 …………………………… 154
付加反応法 ………………………… 163
複合臭 ……………………………80
副流煙 ……………………………71
フタロシアニン誘導体 …………… 159
物質濃度規制 ……………………………76
物理的方法 ……………… 142, 149
不飽和炭化水素類 ……………………11
フロイト ……………………………33
分光光度計 ………………………… 121
ペット臭 …………………………… 182
ペラルゴン酸 ……………………………65
ヘリックス（螺旋）構造 ………………42
変調法 ……………………………… 142
弁別閾値 ……………………………44
芳香剤 ……………………………… 166
芳香消臭脱臭剤協議会 …………… 169
防臭剤 ……………………………… 166
飽和炭化水素類 ……………………11
ホルムアルデヒド ………………………46

ま 行

マクロポア ………………………… 150

マスキング法 ……………………… 142
味覚 ……………………………31
味覚細胞 ……………………………31
ミクロポア ………………………… 150
ミドル臭 ……………………………65
味蕾 ……………………………31
無機系におい物質 ……………………… 2
無臭室法 …………………………… 114
メソポア …………………………… 150
メタクリル酸エステル………………… 163
メチオニン ……………………………68
メチルメルカプタン …………… 44, 193
モノテルペン系アルデヒド類 …………22
モノテルペン系エステル化合物 ………23
モノテルペン系ケトン類 ………………23
モラクセラ菌 ……………………… 199
モル％（mol％）………………………… 4

や 行

容認性 ……………………………… 118
容量％（vol％）……………………… 3
呼出煙 ……………………………71
四大公害病 ……………………………72

ら 行

立体異性体 ……………………………16
硫化水素 ………………… 7, 54, 193
硫化メチル ………………… 54, 56
粒状活性炭 ………………………… 150
緑膿菌 ……………………………70
冷点 ……………………………30
レトロネーザル ……………………………36
連鎖球菌 ……………………………70

213

著 者 略 歴

光田　恵（みつだ　めぐみ）

大同大学かおりデザイン専攻教授。公益社団法人におい・かおり環境協会理事、人間－生活環境系学会副会長。

岡山県生まれ。奈良女子大学大学院博士課程修了・博士（学術）の学位取得後、名古屋工業大学大学院講師、大同工業大学（現、大同大学）建設工学科講師、建築学科准教授を経て、2010年から現職。

〈受賞〉

臭気対策研究協会学術賞（1998）、人間－生活環境系会議奨励賞（2000）

〈著書〉

「都市・建築空間の科学－環境心理生理からのアプローチ－」（共著、技法堂出版、2002）、「口臭ケア」（共著、医歯薬出版、2003）、「日本建築学会環境基準－室内の臭気に関する対策・維持管理規準・同解説」（共著、日本建築学会、2005）、「Ｑ＆Ａ高齢者の住まいづくりひと工夫」（共著、中央法規出版、2006）、「生活環境学」（共著、井上書院、2008）、「トコトンやさしいにおいとかおりの本」（共著、日刊工業新聞社、2011）、「心理と環境デザイン－感覚・知覚の実践－」、（共著、技報堂出版、2015）等

岩橋　尊嗣（いわはし　たかし）

大同大学かおりデザイン専攻元教授。大同大学産学連携共同研究センター共同研究員（におい・かおり研究センター）。

北海道生まれ。明治大学大学院博士課程修了・工学博士の学位取得後、アイコー株式会社入社、同社中央研究所有機化学研究室室長、同社取締役支配人、新エポリオン株式会社常務取締役などを経て、2014年大同大学かおりデザイン専攻教授、2017年から現職。

〈研究開発〉

電気めっき及び無電解めっき時の光沢剤の研究開発、鉄鋼コイルの塩酸及び硫酸酸洗時の素地保護材の研究開発、畜産（鶏舎）向け消臭剤の研究開発、産業及び一般向消臭剤・芳香剤の研究開発

〈著書〉

「普及版防脱臭技術集成」（共著、エヌ・ティー・エス、2002）、「五感インターフェース技術と製品開発事例集」（共著、技術情報協会、2016）等

棚村　壽三（たなむら　としみ）

大同大学かおりデザイン専攻准教授。

愛知県生まれ。大同大学大学院工学研究科博士課程修了・博士（工学）の学位取得後、2011年大同大学かおりデザイン専攻講師、2017年から現職。

〈受賞〉

におい・かおり環境協会学術賞（2015）

〈著書・論文〉

「室内の臭気に関する嗅覚測定法マニュアル－日本建築学会環境基準」（共著、日本建築学会、2010）、「室内における調湿建材による調理臭の脱臭性能に関する検討」（共著、におい・かおり環境学会誌、41（6）、2010）、「定常的なにおいに対する居住者とパネルの感覚評価の比較」（共著、日本建築学会環境系論文集、76（664）、2011）、「LDKのにおいの臭気濃度と影響を及ぼす要因」（共著、日本家政学会誌、62（5）、2011）、「自動車室内環境2013（総合技術レビュー）」（共著、公益社団法人自動車技術会、2014）等

きちんと知りたい においと臭気対策の基礎知識　NDC 576

2018年5月28日　初版1刷発行
2023年11月8日　初版4刷発行

定価はカバーに表示されております。

Ⓒ編著者　光　　田　　　　恵
　著　者　岩　橋　尊　嗣
　　　　　棚　村　壽　三
　発行者　井　水　治　博
　発行所　日刊工業新聞社

〒103-8548　東京都中央区日本橋小網町14-1
電話　書籍編集部　　　03-5644-7490
　　　販売・管理部　　03-5644-7403
　　　FAX　　　　　　03-5644-7400
振替口座　00190-2-186076
URL　https://pub.nikkan.co.jp/
e-mail　info_shuppan@nikkan.tech

印刷・製本　新日本印刷株式会社(POD3)

落丁・乱丁本はお取り替えいたします。　　　2018　Printed in Japan
ISBN 978-4-526-07849-1

本書の無断複写は、著作権法上の例外を除き、禁じられています。